- 舒壓療癒 -

毛茸茸的
戳戳繡入門

Punch Needle Embroidery

歡迎進入
帶給人溫暖的
毛茸茸世界

　　大家好，我是權禮智。長期以來，以「A peace of apple」這個品牌名稱，製作著以簇絨工藝為基礎的各式編織物。

　　近年來，簇絨工藝獲得越來越多關注，最常見的就是「手作地毯」，相關課程也推陳出新。但事實上，若是個人想要在家裡而非工作坊進行簇絨編織，想必會因噪音及費用等問題，而難以樂在其中。為了眾多身陷這類困境的人，我與出版社製作了這本「不需簇絨槍也能在家裡體驗並呈現簇絨質感」的戳繡書。

　　這麼說來，一直提到的「簇絨」和「戳繡」到底是什麼呢？兩者可能皆是引人好奇的生疏詞彙，我將會透過這本書為各位解決所有的疑惑，包括簇絨和戳繡的差異，以及戳繡是否能製作出簇絨槍的毛茸茸效果等等。對於這領域感興趣的人來說，這將是一本能充分活用的書籍。

　　在書中我規劃了許多隨筆畫出來的不規則狀圖案，以及帶有個人風格的圖案。也會帶大家體驗如何應用基本圖形完成各種作品。比起用細線做出細膩感的戳繡作品，本書運用了粗的針線，以戳繡的基本針法，搭配簇絨工藝中的割絨技巧，來製造蓬鬆又豐滿的質感，製作出會帶給人溫暖、能陪伴在身邊的各種生活小物。

　　不同的操作者在技術、手法上都各有祕訣和偏好，所以並沒有所謂「這是正確答案！」的做法。本書也僅是將我的方法分享給大家，因此希望各位不要被書上的內容所束縛，而能以更加開放的心態學習簇絨和戳繡這門有趣的技藝，同時也在這段過程中尋找到適合且順手的方法，並創作出專屬於自己的作品。

contents

PART 3 戳出溫暖的生活小物

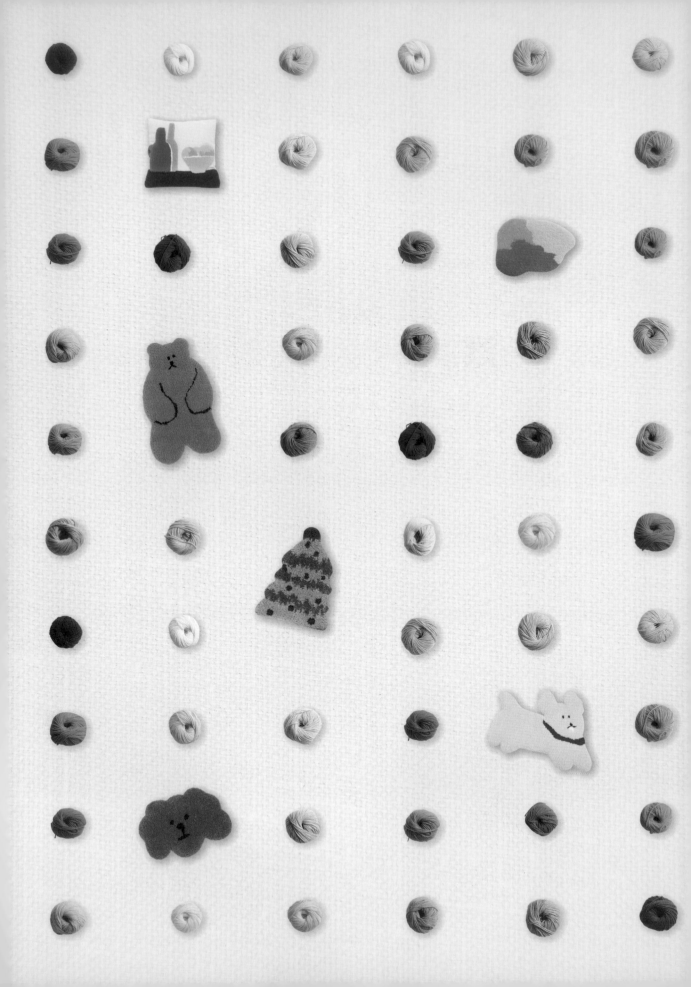

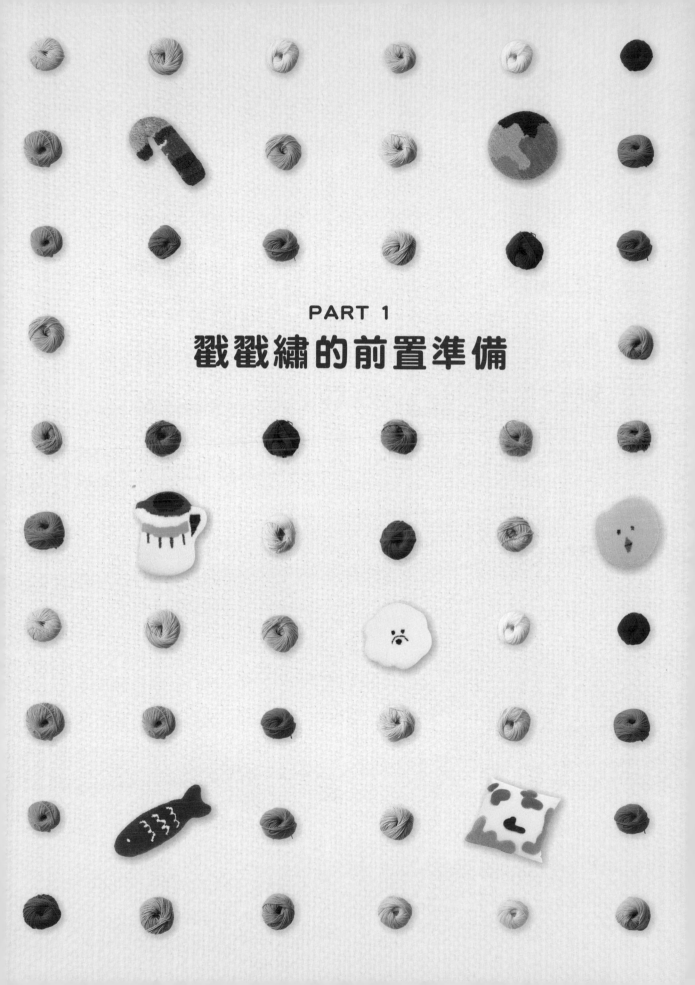

PART 1
戳戳繡的前置準備

1
戳繡vs簇絨

　　戳繡（Punch needle）為刺繡的一種，亦有「俄羅斯刺繡」、「毛線刺繡」、「戳戳繡」等稱呼。它是用專用針將線絨戳進布料的組織縫隙間，並讓戳好的每條線絨相互牽制而固定的刺繡方式。其專用針又可分為粗針和細針，並根據使用的針搭配粗線或細線。

　　簇絨（Tufting）是一項擁有古老歷史的工藝技法，普遍被用來製作地毯或踏墊等織物。而在近幾年竄紅的簇絨地毯，其做法是使用名為「簇絨槍」（Tufting gun）的槍型機器，於布料組織間發射線束，好讓戳進布料縫隙裡的線絨之間相互固定。

　　戳繡與簇絨兩者在技法上的基本原理相同，但使用的工具及用途有所差異。如果想製作精巧的作品，可以拿細針和細線來做；如果想要做出毛茸茸質感的物件，可以使用粗針和粗線；如果想快速製作大面積的作品，便可使用簇絨槍。在這本書中，相較於細膩精巧的戳繡，我們使用粗針和粗線（毛線）製作出彷彿用簇絨槍做出來的毛茸茸作品。那麼，我們就從各種工具和材料開始一步一步了解吧！

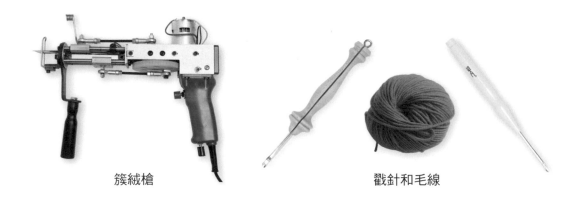

簇絨槍　　　　　　　　　　　　　　　　戳針和毛線

① 圓形繡框

③ 方形夾式繡框

② 實木鋼釘繡框

⑦ 側邊開口戳針

⑥ 圓筒型戳針

④ 麻布

⑤ Monks cloth

2

準備工具和材料

製作戳繡作品，最必備的就是繡框、繡布、戳繡專用針（戳針）與線材。
接下來會介紹書中使用到的各種工具和材料，並說明其用途，
以便各位能掌握該準備哪些東西。

繡框：圓形繡框、實木鋼釘繡框、方形夾式繡框

①**圓形繡框**：這是最常見的刺繡用繡框，將繡布夾於內框與外框之間，轉上旋鈕後即可固定。雖然優點是方便調整繡布的位置，但戳繡相較於其他種類刺繡，容易在戳刺時使布料承受較大的力道而鬆脫、變得不平整，因此如果要使用，建議選擇厚度較粗的框。

②**實木鋼釘繡框**（gripper strip frame）：邊框上布滿密密麻麻的針狀凸起物，有助於輕鬆穩固繡布。價格比其他繡框高。由於這種繡框的尺寸比較大，主要都是專業戳繡從業人員在使用，並不太會出現在一般家庭裡。

③**方形夾式繡框**：此繡框是由四根棒子組成，將棒子依照凹槽的形狀組裝起來後，在上面擺放繡布，再用符合棒子大小的夾子固定住，亦為本書主要使用的繡框類型。

繡布：麻布、Monks cloth

④**麻布**：布料空隙較大，適合拿來做粗線編織。但由於麻布的線容易鬆開，再加上彈性較差，若是初學者使用，戳好的線絨很容易鬆脫。

⑤**Monks cloth**：這是一種戳繡專用繡布，100% 純棉製造。雖然價格比麻布貴，但質感輕柔、發塵量少，而且戳刺時的布料彈性佳，非常適合初學者使用。

戳繡專用針（又名：俄羅斯刺繡針）

• **根據穿線的方式**，分為「圓筒型戳針」與「側邊開口戳針」。

⑥**圓筒型戳針**：外型呈筆管狀。利用穿線器，讓線由戳針的末端穿進前端的針眼後使用。本書主要使用SKC可調節式戳針。

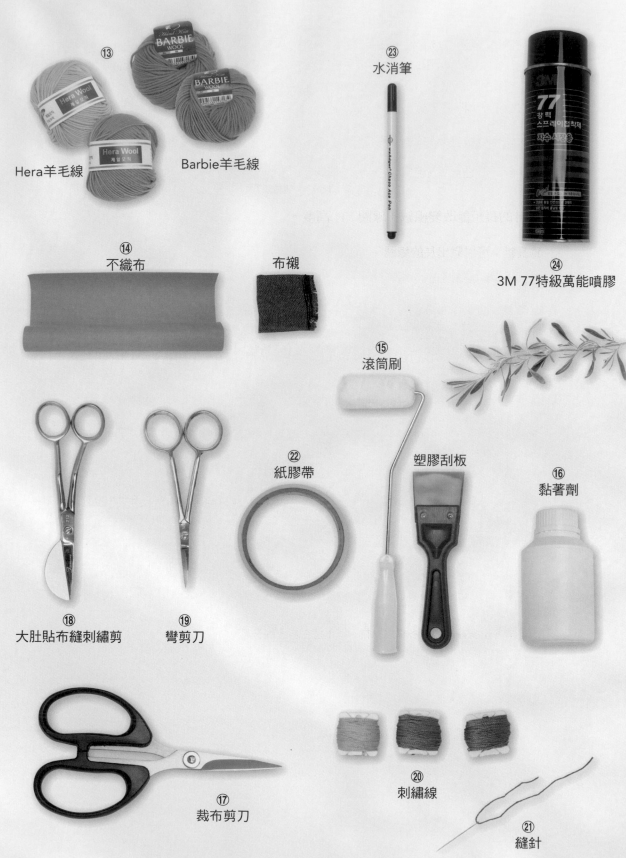

⑬

Hera羊毛線　　Barbie羊毛線

㉓ 水消筆

㉔

3M 77特級萬能噴膠

⑭ 不織布

布襯

⑮ 滾筒刷

㉒ 紙膠帶

塑膠刮板

⑯ 黏著劑

⑱ 大肚貼布縫刺繡剪

⑲ 彎剪刀

⑰ 裁布剪刀

⑳ 刺繡線

㉑ 縫針

⑦**側邊開口戳針**（Oxford Punch Needle）：整支針管的側面有著線可通過的開口，將線插入開口，穿進針眼後使用。另外需搭配迴圈固定器，以調整戳出的線圈長度。

- 根據針的粗細，分為粗針和細針。針的粗細意味著線的粗細。

⑧**粗針**：以粗針搭配粗線，呈現面積較大、有立體感的圖樣。

⑨**細針**：以細針搭配細線，呈現有微小細節的圖樣。

- 針的長短能改變線絨（線圈）的高度。

⑩**長針**：可以戳出長的線圈。

⑪**短針**：可以戳出短的線圈。

> 戳針的號數越大，戳出的線圈越粗越長；號數越小，線圈越細越短。
> 粗長的針能快速又方便地呈現簇絨感覺，所以書中選用SKC粗線專用可調節式戳針。

線材

⑫**粗針用線**：基本上以粗細為0.3～0.5cm的線為宜，但為呈現簇絨的豐富感，本書會取兩股的0.2cm線（兩股合在一起）來使用。

⑬**混紡毛線**：建議選擇能從針上輕鬆抽出，而且拉的時候很順滑的線。棉線因為偏僵直，不太能順暢地進行連續戳刺。至於羊毛含量為100%的純羊毛線，則因為毛絨多的關係，容易纏繞在一起，不易從針上抽出。因此，相較於100%羊毛，更推薦選用含有壓克力纖維的混紡羊毛線。

> 本書主要使用的線材是韓國常見品牌——Hera Wool和Barbie Wool。它們是由85%羊毛和15%壓克力纖維構成的混紡羊毛線，因為觸感好與顏色鮮明，被廣泛地使用在各類織品中。在書裡的各作品中，都會標示使用的毛線品牌以及色號，以便參考。也建議各位多接觸各式各樣的線材，找出適合自己的種類。

收尾材料和配件

⑭**不織布或布襯**：收尾時黏合在繡布背面的布料。

> 本書收尾時主要使用不織布。可以選購厚度0.2cm的不織布或者0.25cm的硬質不織布。

⑮塑膠刮板或滾筒刷：進行黏合時用來塗抹黏著劑的工具。

⑯黏著劑：織物專用的膠水，進行黏合收尾時使用。

⑰裁布剪刀：用於裁剪繡布，也用於將戳出的圈絨剪斷成割絨。

⑱大肚貼布縫刺繡剪：在收尾階段用於整理出毛茸茸質感。

⑲彎剪刀：彎曲刀口設計，在收尾階段用於整理細節。

⑳刺繡線：作品收尾時，用於縫合收邊。書中使用的是DMC棉線。

㉑縫針：作品收尾時，用於縫合收邊。

㉒紙膠帶：用來防止布料脫線。

㉓水消筆：用於在布料上描繪圖案。畫出的記號遇水即消失。

㉔定型膠（3M 77特級萬能噴膠）：用來黏貼鏡子。

在77萬能噴膠系列中，專為織物推出的產品，具有絕佳的黏合效果。

3

基礎前置作業

🧵 **安裝繡框**

> 準備用品：方形夾式繡框、Monks cloth繡布、剪刀、紙膠帶

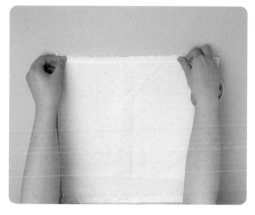

①將繡布裁切成大於繡框的尺寸（四邊各預留5cm左右），再用紙膠帶貼住繡布的邊緣。

②為了防止繡布脫線，最好把布料最容易鬆開的四個邊都貼上紙膠帶。

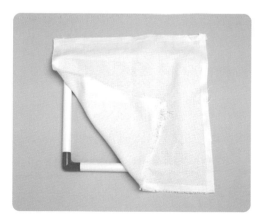

③做好防止布料脫線的措施後，將繡布蓋在繡框上。

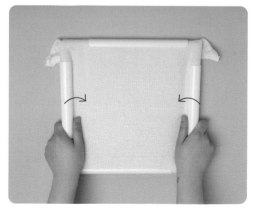

④用繡框的夾子固定繡布。在夾夾子時，先讓夾子開口朝內。

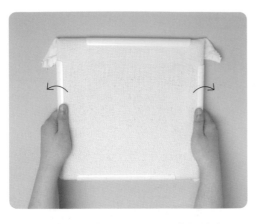

⑤ 再把繡框的夾子往外翻，繃緊繡布。

⑥ 把邊角的布料收好即完成。
*繡布要繃得夠緊，戳刺才會順手。

🧵 準備線材

① 準備兩捆毛線，亦可將一捆毛線平分為兩小捆。
*為呈現更細緻和豐盛的簇絨質感，本書將兩股線合在一起後穿進戳針來使用。

② 從毛線球的內部找出線頭，並將毛線穿入戳針。
*若是取毛線球外部的線頭來穿針，在戳刺過程中毛線球容易到處滾動，可能會導致線脫離繡布。

🧵 引線穿針

• 圓筒型戳針的穿線方式（利用穿線器）
*穿線器是由相當細的鐵絲製成，容易變形或斷裂，使用時請多加小心。

① 準備兩股線。

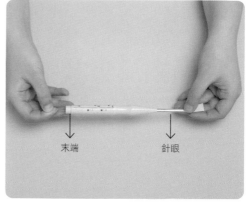

② 將穿線器先通過戳針前端的針眼，然
後一直穿到針管末端。

③ 撐開穿線器的鐵絲部分，穿過備好的
線，接著把穿線器往針管前端拉，使
線由針眼穿出。

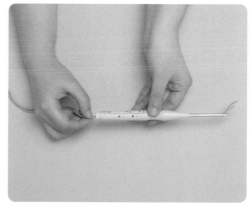

④ 穿好線後，調整露出的線長，針頭前
留下約1cm即可。並將連接在戳針末
端的毛線球，拉出充足的線。
*本書主要使用圓筒型戳針（SKC可調節式
戳針）。此款戳針可調整檔位（分為A、
B、C、D），檔位會決定前端露出的針
頭長度，也決定線圈長度。以本書作品來
說，建議可固定在B檔位後進行戳刺。

• 側邊開口戳針的穿線方式

① 準備兩股線。

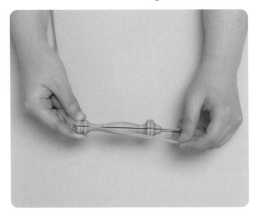

② 讓針管側邊的開口朝上,將線卡進開口縫隙後,線頭穿入針眼。

③ 穿好線後,調整針頭前的線長,留下約1cm即可。並將連接在戳針末端的毛線球,拉出充足的線。

自製簡易穿線器

把釣魚線製成穿線器的方法

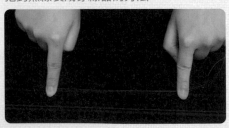

① 剪一段長長的釣魚線後對折。

② 在對折的前端1cm處打個結即完成。要在戳針上穿線時,把打結處從針管前端穿到末端,即可同穿線器的方式使用。

🧵 描繪圖案

描繪圖案時，用自己最順手的方式來畫即可，但請注意別讓圖案左右顛倒。

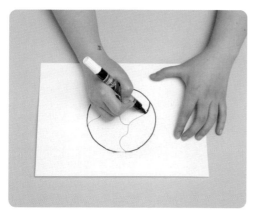

① 依照實際作品的尺寸，在紙張上先用鉛筆打草稿，再用麥克筆畫上圖案。

② 用剪刀剪下畫好的圖案後，把圖案紙放在繡布上，並用水消筆描繪圖案的外輪廓。

③ 將圖案紙翻面，並用紙膠帶貼在繡布背面。（此步驟有助於接下來描繪內部紋路，將圖案轉印到繡布上。）

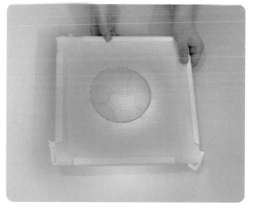

④ 利用手電筒或陽光等光源從繡布下方照射，讓圖案紋路顯現出來後，使用水消筆在繡布上描繪。

*圖案紙貼在繡布背面進行描繪時，請使用可被水洗掉的水消筆。若是使用麥克筆或鉛筆，在戳刺時，線可能會沾到麥克筆或鉛筆的顏色，因此若要使用請盡可能輕輕描繪，或選用顏色淺的麥克筆。

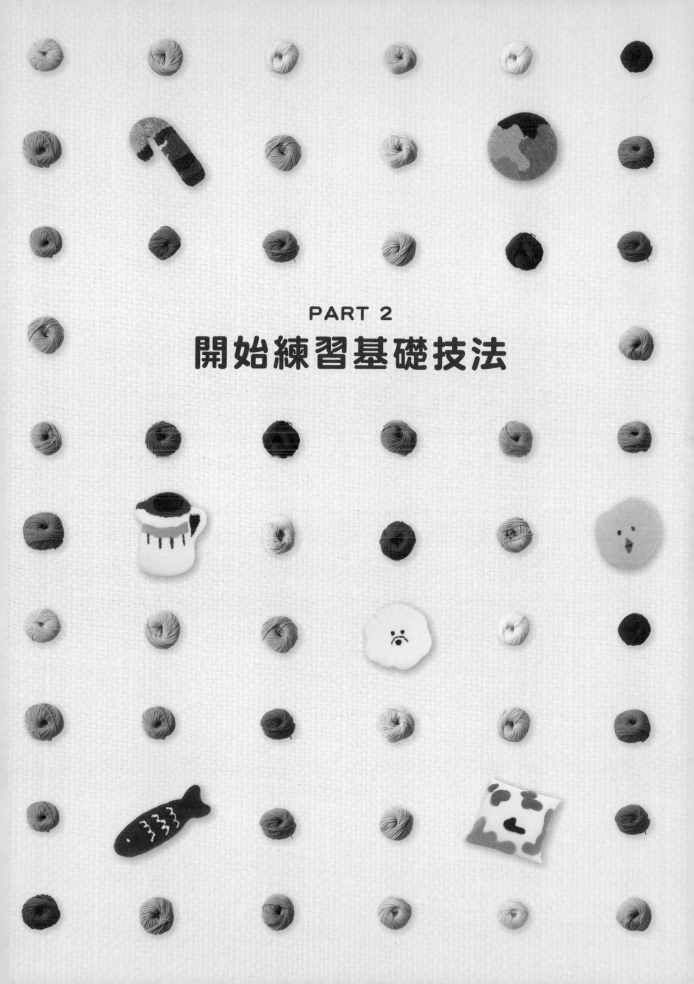

PART 2

開始練習基礎技法

1

戳刺方式

戳繡的操作原理就是把線嵌入布料組織間的縫隙。
首先就從手持戳針，從線條開始練習手感吧！

🧵 戳刺

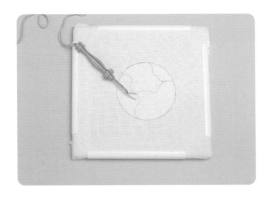

① 準備一支穿好兩股線的戳針，以及畫好圖案的繡布。

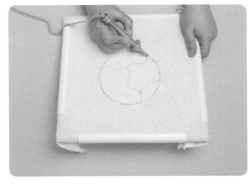

② 在繡布上，用戳針戳入布料組織間的縫隙。

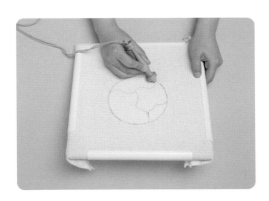

③ 像握筆一樣握著戳針，向下戳到底。此時戳針的方向要維持一致，讓斜口朝上。（在握側邊開口戳針時，要讓開口那一側朝上再進行戳刺。）

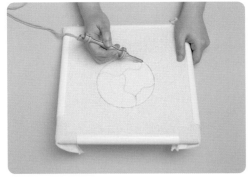

④ 拔出戳進繡布的戳針，但針尖不要離開繡布表面。

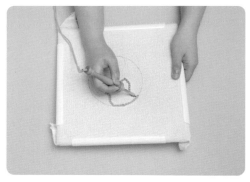

⑤將布料組織的縫隙視作一個一個的格子，每針以二格為間距移動。因為本書均使用兩股線來戳刺，繡出來會比較粗，所以多留點間隔為佳。

⑥往旁邊的格子連續戳刺。每一次移動時，戳針就像在繡布表面滑動一樣，牽著線往前進行。（原則上都是先繡出圖案的輪廓線條，再填滿整個色塊。）

請確認繡布背面的線圈！

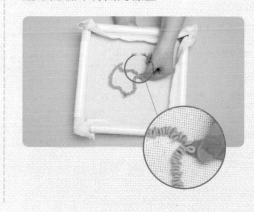

只要依循戳刺方式，按部就班操作，就能製作出漂亮的刺繡作品。但在戳刺的同時，除了確認正面的模樣，也必須不斷確認背面是不是跟照片一樣有線圈。只要確定也有規律的線圈，那麼剩下的就只有好好練習，熟悉戳刺的動作了。

2
基本針法

　　以同一種戳刺法繡出圖案後，在繡布的正面和背面會呈現出不同的效果，正反面都可視為成品欣賞。只要充分運用戳繡的此種特性，在繡布圖案上交錯使用各種效果，就能簡單完成多元型態的作品。本書中只會介紹平針繡、立體繡與毛海繡三種針法。這三種分別展現了截然不同的質感，第一次看到的人或許會擔心自己記不住各自的戳刺方式，關於這點儘管放心，戳繡最迷人之處，就是這一切其實都只用了一種方法來詮釋。

　　那麼，一起來更詳細地了解這三種針法吧！首先，當我們對著繡布正面進行戳刺時，正面呈現出的樣子就是「平針繡」；而用平針繡繡出圖案後，在背面出現的線圈就是「立體繡（圈絨）」；若用剪刀將立體繡的線圈剪斷，就會是「毛海繡（割絨）」了。看起來相差甚大的三種針法，竟然全都源自同一種戳刺方式，是不是很令人驚喜呢？

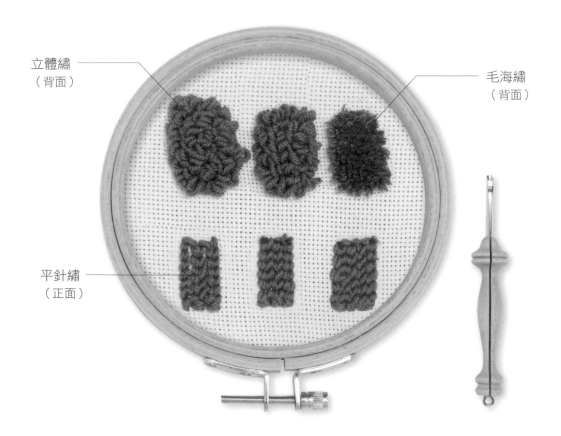

立體繡
（背面）

毛海繡
（背面）

平針繡
（正面）

🧵 平針繡

若是選擇平針繡的效果，那麼最好能夠密實地依照布料紋理進行戳刺，別讓底下的繡布露出來。要是在每一針之間都能明顯看見繡布，就會給人一種作品完成度不高的感覺。

🧵 立體繡（圈絨）

立體繡是由一圈一圈的線圈形成，線圈的長度則由針的長度來決定。使用越長的針，就可以繡出越長的線圈。若想讓成品帶有立體繡的效果，在戳刺時要確認好繡布的正反面，並注意讓線圈的高度一致。此外，由於立體繡的體積會比半針繡大，所以在繪製圖案時，也要考量到「繡出的成品會比繪製的圖案更大」。

🧵 毛海繡（割絨）

毛海繡是用剪刀將立體繡的線圈剪斷的針法。建議使用前端尖銳的裁布剪刀或彎剪刀來進行，並進行質感處理（參考第30～31頁）。

* 簇絨槍有分圈絨型與割絨型，而本書作品是以戳繡詮釋出割絨的質感表現。

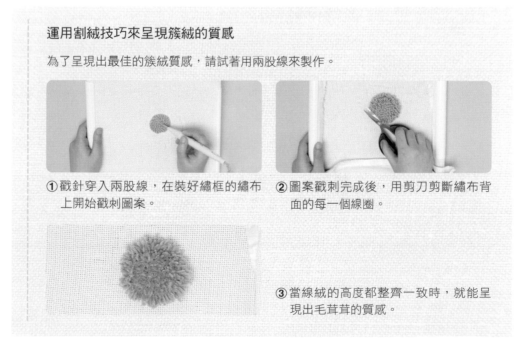

運用割絨技巧來呈現簇絨的質感

為了呈現出最佳的簇絨質感，請試著用兩股線來製作。

①戳針穿入兩股線，在裝好繡框的繡布上開始戳刺圖案。

②圖案戳刺完成後，用剪刀剪斷繡布背面的每一個線圈。

③當線絨的高度都整齊一致時，就能呈現出毛茸茸的質感。

收尾處理

🧵 黏合不織布

當圖案都繡好後,為了避免線鬆脫,最後必須進行收尾處理。如果希望自己費盡心思製作的作品能長久珍藏,就不能省略這個步驟。接下來說明如何使用黏著劑來黏合收尾。黏著劑的味道可能有點刺鼻,建議戴上口罩進行。

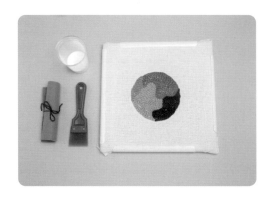

① 準備一個塑膠杯,倒入黏著劑。

② 把戳繡作品的背面朝上,緩緩淋上黏著劑。
*作品的正面與背面,是根據最後要呈現的效果是平針繡或立體繡(毛海繡)而決定,而非戳刺時繡布的正反面。

③ 使用塑膠刮板或滾筒刷,從圖案邊緣開始將黏著劑抹平、塗滿整個作品。

④ 利用刮板塗抹均勻至線的顏色有點變淡,確保每個地方都塗上黏著劑。
*如果黏著劑塗太多,除了可能滲到作品正面,收邊時也會很難縫,所以請小心不要塗得太厚。

⑤ 塗抹完成後靜置約1分鐘，待黏著劑變得稍微黏稠之後，將不織布貼在塗有黏著劑的位置。
*若一塗完直接黏上不織布，黏著劑可能會滲透不織布。

⑥ 貼好不織布後使勁按壓，將其黏牢，接著用吹風機的冷風或微風吹到乾。如果沒用吹風機，一般靜置約30～60分鐘也會自然乾。

⑦ 確認黏著劑乾了之後，拆下繡框。

⑧ 用剪刀沿著作品形狀，裁下符合尺寸的繡布。
*接下來還要進行縫合收邊和質感處理，先做哪個都可以。我個人會先收邊。

🧵 縫合收邊

在作品背面黏上不織布後，便可開始收邊，在這裡會使用到「毛邊縫」技巧。毛邊縫常用於處理衣料邊緣，能讓作品的線條看起來乾淨俐落。

① 準備已黏合不織布的作品，以及穿好刺繡線的縫針。（建議使用與作品色彩相配的線。）

② 將縫針從作品正面的邊緣入針，並從不織布上出針。

③ 將縫針從剛穿出來的孔洞旁邊入針，但不要穿到底，接著將線依順時鐘方向在針頭上繞一圈後，再讓針線穿過布料。

④將針線拉緊後，縫線會在表面呈現一個T字形。

⑤重複步驟②～④，縫完一整個邊緣。
*縫合時用拇指和食指緊緊捏住不織布和繡布，務必保持固定的縫線長度與間距。

⑥縫到最後一針時，把第一針的縫線當線柱，在其下方入針並拉線，做出相同的形狀。這時，左手按住縫線部分、讓出一些空間後，右手把線拉緊。

⑦從繡布正面、線絨縫隙間，淺淺地縫一針，但不戳進不織布內。

⑧接著在附近的布料上再縫一針，只是這次縫針只穿出一半、不拉線。

⑨在針頭上繞兩圈線後，拉線打結。打結後不要馬上剪線，先隨意在線絨縫隙上縫最後一針，再貼著繡布剪線。
*最後動作是要把結藏在線絨裡。

割絨的質感處理

選擇毛海繡時，需要將割絨的表面進行修整，做好質感處理，才能表現出良好的效果。質感處理的過程中會產生許多毛絮，因此建議操作時配戴口罩，也可以在空檔時用噴霧器在環境周圍噴一些水。剪之前，先在作品下方墊一張紙，這樣清潔收拾時會比較輕鬆。

① 首先製作割絨：使用裁布剪刀或彎剪刀剪斷所有圈絨。為了避免有遺漏，必須很仔細、有耐心地進行。

② 形成割絨後，再用大肚貼布縫刺繡剪修剪不整齊或凸出來的地方。

③ 表面整理好之後，最後再用大肚貼布縫刺繡剪，將整體修整定型。

*如果喜歡粗獷感，只要做到步驟②就行了；如果喜歡更整齊的形狀，就需進行塑形作業（細節參考下頁）。

• 更整齊的塑形作業

① 首先如輕輕撫摸般修剪作品邊緣（外輪廓），將邊緣的曲線修至圓滑。請一邊轉動作品一邊修剪並確認形狀。

② 修剪完邊緣後，利用整個刀面將作品表面修得更平整。請一邊確認是否有不整齊且凸出來的地方。

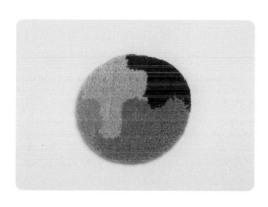

③ 最後清除黏附在表面上的毛絮，可以用手抖掉清理，或使用吸塵器吸除。
*收尾時只要做到最後一步，縱使作品是用戳繡完成，也能得到像用簇絨槍做出來的質感效果。

依需求塑造形狀

依照戳繡作品的用途，在收尾處理時可以稍微調整表面的形狀。

鵝卵石鑰匙圈：要讓中間部分像鵝卵石的形狀一樣凸出來、圓鼓鼓的。

杯墊和迷你地毯：如果是要在上方放置物品，就要讓表面更平整。

4

設計圖案
基本圖形之應用 &
不規則狀圖案之應用

　　在製作戳繡作品時，我有時會提早想好圖案再開始戳刺，但很多時候是信手捻來，根本沒有什麼預想的圖案。而要在沒有草稿的情況下創作時，我會把整塊顏色當基礎形狀來構思，這樣的方式比較容易發揮，也會誕生出配色漂亮的作品。

　　先在紙上畫出圖案再繡出作品，這是很常見的做法。但也可以在同一個圖案上套用各種變化，創作出多樣的作品。此外，還能將具象以及抽象的圖案做結合。比如說，取蝴蝶形狀的圖案，但並非規矩地用實物的顏色製作，而是用抽象的圖案填滿它。只要嘗試各式各樣的組合，一定會獲得意想不到的變化，產出有趣的成品。創作者究竟想表達什麼，其實看作品通常就能明白。而這種跳脫框架、按自己心意製作的作品，不僅在戳繡時增添不少樂趣，也能激起挑戰新事物的熱忱。

　　在我的線上課程的學員之間，有些學員會套用我教學的方法，在調色盤、烏龜、仙人掌等具象圖案上進行創作，也有些學員會自行嘗試用不規則狀圖案結合抽象元素來創作。

　　此外，這種自由的創作模式也可以應用在圓形、四角形和三角形等基本圖形上。舉例來說，形狀都是圓形的，可以用單一顏色來戳刺，也可以加入帶規律的圖案，或者是結合像是足球或鐘錶等具象圖案。

　　歡迎閱讀本書的各位多加應用書中的基本圖形和不規則狀圖案，可以試著從色塊下手，或試著加入規律性圖案或抽象圖案，以各自喜歡的元素發揮創意，創造出無窮無盡的作品。就從這本書開始一起挑戰看看吧！

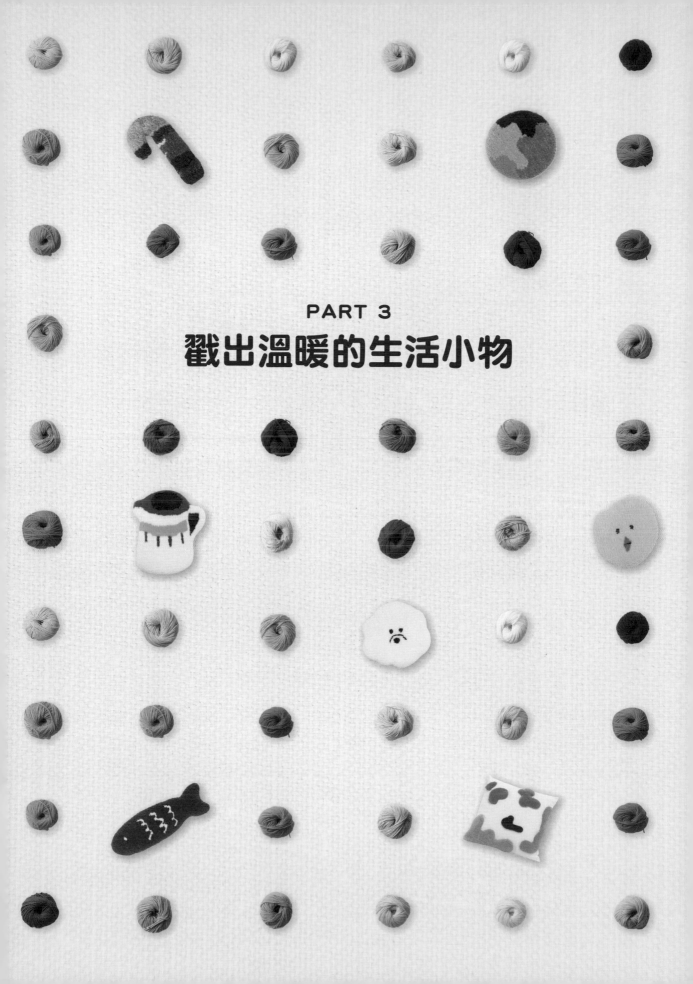

PART 3
戳出溫暖的生活小物

1

美好早晨拼色杯墊
（蝴蝶＆不規則＆圓形）

啜飲一杯咖啡，享受清晨的悠閒時光吧！

幫自己專屬的馬克杯準備一塊毛茸茸的杯墊，

蓬蓬的療癒感，感覺一整天都會活力充沛！

基本的可愛圓形、似乎快要飛起來的蝴蝶形，

還有隨著想像力奔馳的不規則形狀，

多虧它們，相信今天一定會有好事發生。

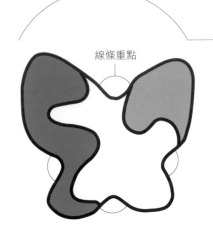

線條重點

蝴蝶杯墊的製作方法

我用具象的蝴蝶形狀構思杯墊造型，
卻在其中融入了抽象圖案。
因為如果只是照著蝴蝶花紋製作，
作品就會顯得較為無趣又平淡。

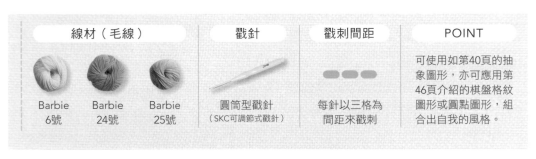

線材（毛線）			戳針	戳刺間距	POINT
Barbie 6號	Barbie 24號	Barbie 25號	圓筒型戳針（SKC可調節式戳針）	每針以三格為間距來戳刺	可使用如第40頁的抽象圖形，亦可應用第46頁介紹的棋盤格紋圖形或圓點圖形，組合出自我的風格。

1 將繡布繃緊、固定在繡框上。（參考第15～16頁）

2 將蝴蝶圖案紙墊在繡布下，用水消筆描繪、轉印圖案。（參考第19頁）

　*須確實畫出色塊分線。

3 把兩股線穿進戳針後，調整露出的線長，針頭前留下約1cm；針頭長度固定在B檔位。（參考第17頁）

4 先繡圖案的線條。（參考第22～23頁）

　*一開始先繡輪廓，之後再填滿整塊，可以避免戳刺到後來分線模糊而使得圖案變形。

5 圖案線條繡好後，再開始填滿色塊。

　*若在戳刺過程中，遇到需更換成其他線的情況，請儘量貼著繡布剪除原本的線後再更換。

6 取不同顏色的線依序完成所有色塊。

　*在戳刺上色時，可以將區塊「從外往內」或「上下來回」戳刺。
　（如果希望成品有平針繡的效果，那麼最好統一方向，整體才會看起來俐落。）

7 圖案戳刺完成後，進入收尾的黏合作業。使用刮板或滾筒刷，將黏著劑薄薄地塗抹在成品背面，並且靜置約30～60秒。（參考第26頁）

　*此作品是在繡布上繡了平針繡後，以背面的立體繡作為成品正面。

8 接著黏上比成品尺寸略大的不織布。請用手掌仔細按壓不織布和成品，讓它們牢牢黏住。（參考第27頁）

9 晾乾黏合的成品。（自然晾乾約1小時，或用電風扇、吹風機吹約15分鐘。）

10 將繡框拆下，用裁布剪刀將繡布裁切成符合成品的形狀。（參考第27頁）

11 利用縫針與刺繡線，以毛邊縫收尾。（參考第28～29頁）

12 用裁布剪刀剪斷成品正面的圈絨，形成割絨，再用人肚貼布縫刺繡剪整理表面。
　（參考第30～31頁）

　*用大肚貼布縫刺繡剪仔細修剪邊緣的形狀。
　**進行塑形作業時，剪刀要像是在撫摸成品表面般移動，並多花心思處理邊角。
　（過程中會產生許多毛絮，務必配戴口罩。）

13 最後把成品上的毛絮清理乾淨即完成。

　*用噴霧器在成品上噴些許水後用手撥開，便能清除毛絮。

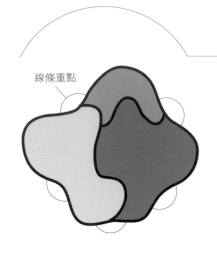

線條重點

不規則杯墊的製作方法

這是自由發揮的藝術風設計。
不一定要照書上的圖案製作，
可以任意揮灑創意、改變色塊形狀，
顏色也可以隨個人喜好配色。

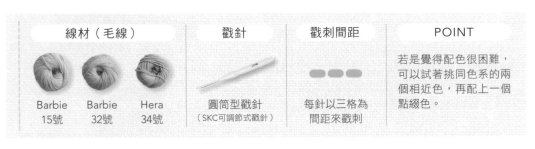

線材（毛線）			戳針	戳刺間距	POINT
Barbie 15號	Barbie 32號	Hera 34號	圓筒型戳針 （SKC可調節式戳針）	每針以三格為 間距來戳刺	若是覺得配色很困難， 可以試著挑同色系的兩 個相近色，再配上一個 點綴色。

1 將繡布繃緊、固定在繡框上。（參考第15～16頁）

2 將不規則狀圖案紙墊在繡布下，用水消筆描繪、轉印圖案。（參考第19頁）

  *須確實畫出色塊分線。

3 把兩股線穿進戳針後，調整露出的線長，針頭前留下約1cm；針頭長度固定在B
  檔位。（參考第17頁）

4 先繡圖案的線條。（參考第22～23頁）

  *一開始先繡輪廓，之後再填滿整塊，可以避免戳刺到後來分線模糊而使得圖案變形。

5 圖案線條繡好後，再開始填滿色塊。

  *若在戳刺過程中，遇到需更換成其他線的情況，請儘量貼著繡布剪除原本的線後再更換。

6 取不同顏色的線依序完成所有色塊。

*在戳刺上色時，可以將區塊「從外往內」或「上下來回」戳刺。
（如果希望成品有平針繡的效果，那麼最好統一方向，整體才會看起來俐落。）

7 圖案戳刺完成後，進入收尾的黏合作業。使用刮板或滾筒刷，將黏著劑薄薄地塗抹在成品背面，並且靜置約30～60秒。（參考第26頁）

*此作品是在繡布上繡了平針繡後，以背面的立體繡作為成品正面。

8 接著黏上比成品尺寸略大的不織布。請用手掌仔細按壓不織布和成品，讓它們牢牢黏住。（參考第27頁）

9 晾乾黏合的成品。（自然晾乾約1小時，或用電風扇、吹風機吹約15分鐘。）

10 將繡框拆下，用裁布剪刀將繡布裁切成符合成品的形狀。（參考第27頁）

11 利用縫針與刺繡線，以毛邊縫收尾。（參考第28～29頁）

12 用裁布剪刀剪斷成品正面的圈絨，形成割絨，再用大肚貼布縫刺繡剪整理表面。
（參考第30～31頁）

*用大肚貼布縫刺繡剪仔細修剪邊緣的形狀。
**進行塑形作業時，剪刀要像是在撫摸成品表面般移動，並多花心思處理邊角。
（過程中會產生許多毛絮，務必配戴口罩。）

13 最後把成品上的毛絮清理乾淨即完成。

圓形杯墊的製作方法

在基本的圓形之中，
繪製了抽象圖案。
製作時不需太規矩，
順著當下的心情自由創作吧！

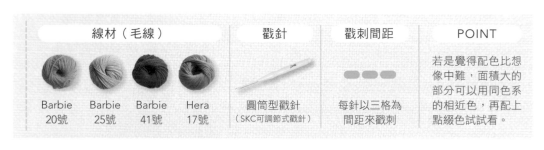

線材（毛線）				戳針	戳刺間距	POINT
Barbie 20號	Barbie 25號	Barbie 41號	Hera 17號	圓筒型戳針 （SKC可調節式戳針）	每針以三格為 間距來戳刺	若是覺得配色比想像中難，面積大的部分可以用同色系的相近色，再配上點綴色試試看。

① 將繡布繃緊、固定在繡框上。（參考第15～16頁）

② 將圓形圖案紙墊在繡布下，用水消筆描繪、轉印圖案。（參考第19頁）

　*須確實畫出色塊分線。

③ 把兩股線穿進戳針後，調整露出的線長，針頭前留下約1cm；針頭長度固定在B檔位。（參考第17頁）

④ 先繡圖案的線條。（參考第22～23頁）

　*一開始先繡輪廓，之後再填滿整塊，可以避免戳刺到後來分線模糊而使得圖案變形。

⑤ 圖案線條繡好後，再開始填滿色塊。

　*若在戳刺過程中，遇到需更換成其他線的情況，請儘量貼著繡布剪除原本的線後再更換。

⑥ 取不同顏色的線依序完成所有色塊。

*在戳刺上色時，可以將區塊「從外往內」或「上下來回」戳刺。
（如果希望成品有平針繡的效果，那麼最好統一方向，整體才會看起來俐落。）

⑦ 圖案戳刺完成後，進入收尾的黏合作業。使用刮板或滾筒刷，將黏著劑薄薄地塗抹在成品背面，並且靜置約30～60秒。（參考第26頁）

*此作品是在繡布上繡了平針繡後，以背面的立體繡作為成品正面。

⑧ 接著黏上比成品尺寸略大的不織布。請用手掌仔細按壓不織布和成品，讓它們牢牢黏住。（參考第27頁）

⑨ 晾乾黏合的成品。（自然晾乾約1小時，或用電風扇、吹風機吹約15分鐘。）

⑩ 將繡框拆下，用裁布剪刀將繡布裁切成符合成品的形狀。（參考第27頁）

⑪ 利用縫針與刺繡線，以毛邊縫收尾。（參考第28～29頁）

⑫ 用裁布剪刀剪斷成品正面的圈絨，形成割絨，再用大肚貼布縫刺繡剪整理表面。
（參考第30～31頁）

*用大肚貼布縫刺繡剪仔細修剪邊緣的形狀。
**進行塑形作業時，剪刀要像是在撫摸成品表面般移動，並多花心思處理邊角。
（過程中會產生許多毛絮，務必配戴口罩。）

⑬ 最後把成品上的毛絮清理乾淨即完成。

2
優雅浪漫雙色飾品墊
（棋盤格紋＆愛心）

坐在梳妝台前，為出門做準備的時間裡，

鏡子前放著可愛的棋盤格紋和愛心飾品墊，

望著望著，心情似乎變得更加愉悅，

感覺能帶著幸福的心來度過這一天。

毛茸茸的墊子上擺放任何飾品都十分相配，

用不同顏色來製作看看，一定也很不錯吧！

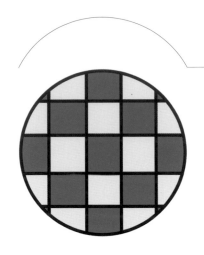

棋盤格紋飾品墊的製作方法

棋盤格的圖案不僅適合套用在基本圖形中，
也適合套用在不規則狀圖形中。
只要改變配色，就能表現不同的氛圍，
並增添特別的感覺。

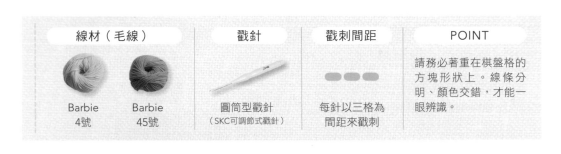

線材（毛線）		戳針	戳刺間距	POINT
Barbie 4號	Barbie 45號	圓筒型戳針 （SKC可調節式戳針）	每針以三格為 間距來戳刺	請務必著重在棋盤格的方塊形狀上。線條分明、顏色交錯，才能一眼辨識。

① 將繡布繃緊、固定在繡框上。（參考第15～16頁）

② 將棋盤格紋圖案紙墊在繡布下，用水消筆描繪、轉印圖案。圓形圖案內請利用直尺畫出邊長為2cm的正方形格子，並在每塊方格內標出能區分顏色的記號。（參考第19頁）

*預先在每個方塊上標註顏色，這樣戳刺時就不會搞混了。

③ 把兩股線穿進戳針後，調整露出的線長，針頭前留下約1cm；針頭長度固定在B檔位。（參考第17頁）

④ 先繡方格圖案的線條。

*一開始先繡輪廓，之後再填滿整塊，可以避免戳刺到後來分線模糊而使得圖案變形。

5 方格圖案的線條繡好後，再開始填滿色塊。

　　*若在戳刺過程中，遇到需更換成其他線的情況，請儘量貼著繡布剪除原本的線後再更換。

6 取其餘顏色的線依序完成所有色塊。

　　*在戳刺上色時，可以將區塊「從外往內」或「上下來回」戳刺。
　　（如果希望成品有平針繡的效果，那麼最好統一方向，整體才會看起來俐落。）

7 圖案戳刺完成後，進入收尾的黏合作業。使用刮板或滾筒刷，將黏著劑薄薄地塗
　　抹在成品背面，並且靜置約30～60秒。（參考第26頁）

　　*此作品是在繡布上繡了平針繡後，以背面的立體繡作為成品正面。

8 接著黏上比成品尺寸略大的不織布。請用手掌仔細按壓不織布和成品，讓它們牢
　　牢黏住。（參考第27頁）

9 晾乾黏合的成品。（自然晾乾約1小時，或用電風扇、吹風機吹約15分鐘。）

10 將繡框拆下，用裁布剪刀將繡布裁切成符合成品的形狀。（參考第27頁）

11 利用縫針與刺繡線，以毛邊縫收尾。（參考第28～29頁）

12 用裁布剪刀剪斷成品正面的圈絨，形成割絨，再用大肚貼布縫刺繡剪整理表面。
　　（參考第30～31頁）

　　*用大肚貼布縫刺繡剪仔細修剪邊緣的形狀，並好好整理棋盤格圖案中的方塊。

13 最後把成品上的毛絮清理乾淨即完成。

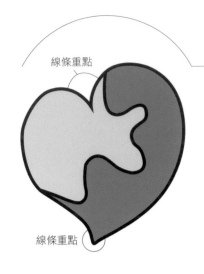

線條重點

線條重點

愛心飾品墊的製作方法

在這個愛心造型的墊子裡，
特地把不同顏色的線合在一起，
因為混色的關係，
繡出了比較特別的愛心。

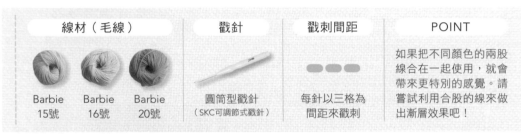

線材（毛線）			戳針	戳刺間距	POINT
Barbie 15號	Barbie 16號	Barbie 20號	圓筒型戳針（SKC可調節式戳針）	每針以三格為間距來戳刺	如果把不同顏色的兩股線合在一起使用，就會帶來更特別的感覺。請嘗試利用合股的線來做出漸層效果吧！

1 將繡布繃緊、固定在繡框上。（參考第15～16頁）

2 將愛心圖案紙墊在繡布下，用水消筆描繪、轉印圖案。（參考第19頁）

*須確實畫出色塊分線。

3 把兩股線（15號及20號Barbie羊毛線各取一股，合在一起使用）穿進戳針後，調整露出的線長，針頭前留下約1cm；針頭長度固定在B檔位。（參考第17頁）

4 先繡右半邊圖案的線條。（參考第22～23頁）

*一開始先繡輪廓，之後再填滿整塊，可以避免戳刺到後來分線模糊而使得圖案變形。

5 圖案線條繡好後，再開始填滿色塊。

*若在戳刺過程中，遇到需更換成其他線的情況，請儘量貼著繡布剪除原本的線後再更換。

6 取其餘顏色的線完成左半邊色塊。

　*在戳刺上色時，可以將區塊「從外往內」或「上下來回」戳刺。
　（如果希望成品有平針繡的效果，那麼最好統一方向，整體才會看起來俐落。）

7 圖案戳刺完成後，進入收尾的黏合作業。使用刮板或滾筒刷，將黏著劑薄薄地塗
　抹在成品背面，並且靜置約30～60秒。（參考第26頁）

　*此作品是在繡布上繡了平針繡後，以背面的立體繡作為成品正面。

8 接著黏上比成品尺寸略大的不織布。請用手掌仔細按壓不織布和成品，讓它們牢
　牢黏住。（參考第27頁）

9 晾乾黏合的成品。（自然晾乾約1小時，或用電風扇、吹風機吹約15分鐘。）

10 將繡框拆下，用裁布剪刀將繡布裁切成符合成品的形狀。（參考第27頁）

11 利用縫針與刺繡線，以毛邊縫收尾。（參考第28～29頁）

12 用裁布剪刀剪斷成品正面的圈絨，形成割絨，再用大肚貼布縫刺繡剪整理表面。
　（參考第30～31頁）

　*用大肚貼布縫刺繡剪仔細修剪邊緣的形狀。
　**進行塑形作業時，剪刀要像是在撫摸成品表面般移動，並多花心思處理邊角。

13 最後把成品上的毛絮清理乾淨即完成。

3

母雞帶小雞
童趣插畫迷你墊

雞媽媽帶著可愛小雞一起登場！

毛茸茸的迷你墊可以用來當杯墊、放置小物，

既溫暖又柔和的感覺，放在任何空間都很相配。

我很喜歡將它裝飾在孩子的遊戲室或書房，

小朋友看了開心，也能感受媽媽陪伴的溫情。

線條重點

母雞迷你墊的製作方法

這是有著紅色雞冠和黃色喙的母雞圖案，
假如想要變成鴨子圖案，
只要移除雞冠，再修改喙的形狀，
就能製作出鴨子造型墊了。

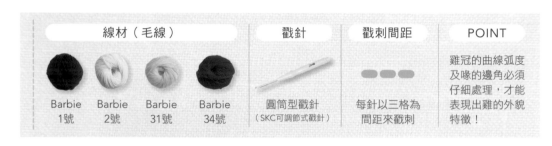

線材（毛線）				戳針	戳刺間距	POINT
Barbie 1號	Barbie 2號	Barbie 31號	Barbie 34號	圓筒型戳針（SKC可調節式戳針）	每針以三格為間距來戳刺	雞冠的曲線弧度及喙的邊角必須仔細處理，才能表現出雞的外貌特徵！

①　將繡布繃緊、固定在繡框上。（參考第15～16頁）

②　將母雞圖案紙墊在繡布下，用水消筆描繪、轉印圖案。（參考第19頁）

　　*須確實畫出色塊分線。

③　把兩股線穿進戳針後，調整露出的線長，針頭前留下約1cm；針頭長度固定在B檔位。（參考第17頁）

④　先繡母雞的眼睛（Barbie羊毛線1號）。

　　*在整體圖案中，眼睛佔的比例最少，若是留到最後才繡，眼睛就容易不明顯。

⑤　再繡其他圖案的線條，然後開始填滿色塊。（參考第22～23頁）

6 取不同顏色的線依序完成所有色塊（雞的喙使用Barbie羊毛線31號，臉部使用Barbie羊毛線2號，雞冠使用Barbie羊毛線34號）。

*在戳刺上色時，可以將區塊「從外往內」或「上下來回」戳刺。

7 圖案戳刺完成後，進入收尾的黏合作業。使用刮板或滾筒刷，將黏著劑薄薄地塗抹在成品背面，並且靜置約30～60秒。（參考第26頁）

*此作品是在繡布上繡了平針繡後，以背面的立體繡作為成品正面。

8 接著黏上比成品尺寸略大的不織布。請用手掌仔細按壓不織布和成品，讓它們牢牢黏住。（參考第27頁）

9 晾乾黏合的成品。（自然晾乾約1小時，或用電風扇、吹風機吹約15分鐘。）

10 將繡框拆下，用裁布剪刀將繡布裁切成符合成品的形狀。（參考第27頁）

11 利用縫針與刺繡線，以毛邊縫收尾。（參考第28～29頁）

12 用裁布剪刀剪斷成品正面的圈絨，形成割絨，再用大肚貼布縫刺繡剪整理表面。（參考第30～31頁）

13 像是握筆那樣立著彎剪刀或裁布剪刀，用刀尖整理雞的眼睛、喙以及雞冠的分線。（塑造形狀）

14 再用大肚貼布縫刺繡剪，修剪並整理邊緣的形狀。

*進行塑形作業時，剪刀要像是在撫摸成品表面般移動，並多化心思處理邊角。
（過程中會產生許多毛絮，務必配戴口罩。）

15 最後把成品上的毛絮清理乾淨即完成。

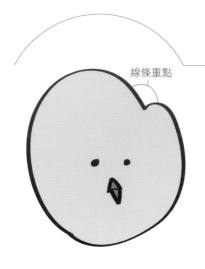

線條重點

小雞迷你墊的製作方法

小雞造型應用了不規則狀圖形製成，
製作上很簡單、圖案也不複雜，
但把牠的眼睛和嘴巴表現得逗趣一些，
就能讓人看了會心一笑。

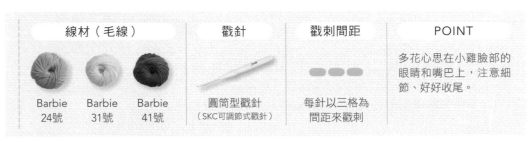

線材（毛線）			戳針	戳刺間距	POINT
Barbie 24號	Barbie 31號	Barbie 41號	圓筒型戳針（SKC可調節式戳針）	每針以三格為間距來戳刺	多花心思在小雞臉部的眼睛和嘴巴上，注意細節、好好收尾。

① 將繡布繃緊、固定在繡框上。（參考第15～16頁）

② 將小雞圖案紙墊在繡布下，用水消筆描繪、轉印圖案。（參考第19頁）

*須確實畫出色塊分線。

③ 把兩股線穿進戳針後，調整露出的線長，針頭前留下約1cm；針頭長度固定在B檔位。（參考第17頁）

④ 先繡小雞的眼睛（Barbie羊毛線41號）和嘴巴（Barbie羊毛線24號、41號）。

*因為小雞的眼睛和嘴巴都很小，若是留到最後才繡，就容易不明顯。

⑤ 繡好小雞的眼睛和嘴巴後，再把剩餘的區塊填滿（Barbie羊毛線31號）。

*建議在戳刺過程中，不時查看並確認繡布的正面和背面。戳刺到後面，可能會發現小雞的眼睛和嘴巴的體積比想像中更大，而顯得臉部不太清楚，但不必擔心，最後做完質感處理，形狀就會變得分明。

⑥ 圖案戳刺完成後，進入收尾的黏合作業。使用刮板或滾筒刷，將黏著劑薄薄地塗抹在成品背面，並且靜置約30～60秒。（參考第26頁）

*此作品是在繡布上繡了平針繡後，以背面的立體繡作為成品正面。

⑦ 接著黏上比成品尺寸略大的不織布。請用手掌仔細按壓不織布和成品，讓它們牢牢黏住。（參考第27頁）

⑧ 晾乾黏合的成品。（自然晾乾約1小時，或用電風扇、吹風機吹約15分鐘。）

⑨ 將繡框拆下，用裁布剪刀將繡布裁切成符合成品的形狀。（參考第27頁）

⑩ 利用縫針與刺繡線，以毛邊縫收尾。（參考第28～29頁）

⑪ 用裁布剪刀剪斷成品正面的圈絨，形成割絨，再用大肚貼布縫刺繡剪整理表面。（參考第30～31頁）

⑫ 像是握筆那樣立著彎剪刀或裁布剪刀，用刀尖整理小雞的眼睛和嘴巴，讓形狀變得明顯。（塑造形狀）

⑬ 再用人肚貼布縫刺繡剪，修剪並整理邊緣的形狀。

*進行塑形作業時，剪刀要像是在撫摸成品表面般移動，並多花心思處理邊角。
（過程中會產生許多毛絮，務必配戴口罩。）

⑭ 最後把成品上的毛絮清理乾淨即完成。

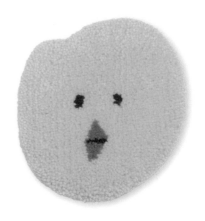

4

毛茸茸裝飾墊
（比熊犬＆貴賓犬）

像顆棉花糖般又白又蓬鬆的比熊犬，
以及自帶時髦紅色捲毛的貴賓犬，
可愛的模樣讓人忍不住想盯著一直看。
將牠們臉部的特徵製成俏皮可愛的墊子，
只是靜靜地看著，也感覺心情變得更加愉快，
放在辦公桌上，無意間瞄到就瞬間被療癒！

線條重點

比熊犬&貴賓犬裝飾墊
的製作方法

用單純的形狀來製作動物造型。
在這裡雖然做出的是小狗的臉，
不過也可以換成抽象紋路，
套用在像是花朵、麵包等形狀上，
便能創作出多樣化的作品。

線條重點

比熊犬線材		貴賓犬線材		戳針	戳刺間距	POINT
Barbie 1號	Barbie 2號	Barbie 1號	Barbie 28號	圓筒型戳針 （SKC可調節式戳針）	每針以三格為 間距來戳刺	在戳刺帶有眼、鼻、口 的作品時，務必多加留 意五官。還要凸顯雲朵 般的輪廓曲線，形狀才 會清楚分明。

① 將繡布繃緊、固定在繡框上。（參考第15～16頁）

② 將狗狗圖案紙墊在繡布下，用水消筆描繪、轉印圖案。（參考第19頁）

　*可以將圖案紙貼在繡布背面，利用窗戶光線或是手機手電筒等光源來描繪圖案。

③ 把兩股線穿進戳針後，調整露出的線長，針頭前留下約1cm；針頭長度固定在B 檔位。（參考第17頁）

④ 先繡眼睛、鼻子和嘴巴（比熊犬和貴賓犬的五官都使用Barbie羊毛線1號）。

　*因為眼睛、鼻子和嘴巴都很小，若是留到最後才繡，就容易不明顯。

⑤ 繡好眼睛、鼻子和嘴巴後，再換其他顏色的線，把剩餘的區塊填滿。

6 圖案戳刺完成後，進入收尾的黏合作業。使用刮板或滾筒刷，將黏著劑薄薄地塗抹在成品背面，並且靜置約30～60秒。（參考第26頁）

*此作品是在繡布上繡了平針繡後，以背面的立體繡作為成品正面。

7 接著黏上比成品尺寸略大的不織布。請用手掌仔細按壓不織布和成品，讓它們牢牢黏住。（參考第27頁）

8 晾乾黏合的成品。（自然晾乾約1小時，或用電風扇、吹風機吹約15分鐘。）

9 將繡框拆下，用裁布剪刀將繡布裁切成符合成品的形狀。（參考第27頁）

10 利用縫針與刺繡線，以毛邊縫收尾。（參考第28～29頁）

11 用裁布剪刀剪斷成品正面的圈絨，形成割絨，再用大肚貼布縫刺繡剪整理表面。（參考第30～31頁）

12 像是握筆那樣立著彎剪刀或裁布剪刀，用刀尖整埋狗狗的眼睛、鼻子和嘴巴，讓形狀變得明顯。（塑造形狀）

13 再用大肚貼布縫刺繡剪，修剪並整理邊緣的形狀。

*外輪廓曲線之間的凹陷部分，必須仔細整理，才能形成柔和的曲線感。

14 最後把成品上的毛絮清理乾淨即完成。

5

幸福下午茶組
餐具墊

午茶時光必備的馬克杯與茶壺組合。

有它們在，不知為何就好想泡一壺茶，

坐在陽光灑落的客廳裡愜意享用。

看著這軟綿綿又可愛的茶壺，

鼻腔裡似乎感受到熱呼呼的茶香，

身體和心靈也漸漸緩慢了下來。

線條重點

馬克杯墊的製作方法

這個可愛風格的馬克杯造型，
擺放在客廳或廚房餐桌上，
與茶、咖啡以及甜點都很相配。

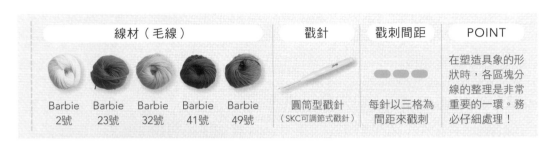

線材（毛線）					戳針	戳刺間距	POINT
Barbie 2號	Barbie 23號	Barbie 32號	Barbie 41號	Barbie 49號	圓筒型戳針（SKC可調節式戳針）	每針以三格為間距來戳刺	在塑造具象的形狀時，各區塊分線的整理是非常重要的一環。務必仔細處理！

1 將繡布繃緊、固定在繡框上。（參考第15～16頁）

2 將馬克杯圖案紙墊在繡布下，用水消筆描繪、轉印圖案。（參考第19頁）

*須確實畫出色塊分線。

3 把兩股線穿進戳針後，調整露出的線長，針頭前留下約1cm；針頭長度固定在B檔位。（參考第17頁）

4 先繡圖案的線條。（參考第22～23頁）

*一開始先繡輪廓，之後再填滿整塊，可以避免戳刺到後來分線模糊而使得圖案變形。

5 圖案線條繡好後，再開始填滿色塊。

*若在戳刺過程中，遇到需更換成其他線的情況，請儘量貼著繡布剪除原本的線後再更換。

6 取不同顏色的線依序完成所有色塊。

*在戳刺上色時，可以將區塊「從外往內」或「上下來回」戳刺。
（如果希望成品有平針繡的效果，那麼最好統一方向，整體才會看起來俐落。）

7 圖案戳刺完成後，進入收尾的黏合作業。使用刮板或滾筒刷，將黏著劑薄薄地塗抹在成品背面，並且靜置約30～60秒。（參考第26頁）

*此作品是在繡布上繡了平針繡後，以背面的立體繡作為成品正面。

8 接著黏上比成品尺寸略大的不織布。請用手掌仔細按壓不織布和成品，讓它們牢牢黏住。（參考第27頁）

9 晾乾黏合的成品。（自然晾乾約1小時，或用電風扇、吹風機吹約15分鐘。）

10 將繡框拆下，用裁布剪刀將繡布裁切成符合成品的形狀。（參考第27頁）

11 利用縫針與刺繡線，以毛邊縫收尾。（參考第28～29頁）

12 用裁布剪刀剪斷成品正面的圈絨，形成割絨，再用人肚貼布縫刺繡剪整理表面。
（參考第30～31頁）

*用大肚貼布縫刺繡仔細修剪邊緣的形狀。
**進行塑形作業時，剪刀要像是在撫摸成品表面般移動，並多花心思處理邊角。
（過程中會產生許多毛絮，務必配戴口罩。）

13 最後把成品上的毛絮清理乾淨即完成。

線條重點

分線

茶壺墊的製作方法

茶壺的造型很適合擺放在餐桌或廚房，
可以用來墊餐具或是桌上的小物，
即便只是擺放著，也讓人感到療癒。

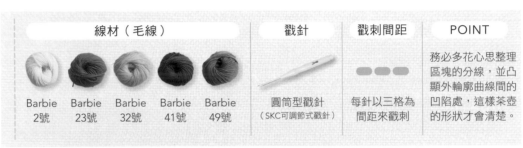

線材（毛線）					戳針	戳刺間距	POINT
Barbie 2號	Barbie 23號	Barbie 32號	Barbie 41號	Barbie 49號	圓筒型戳針 （SKC可調節式戳針）	每針以三格為 間距來戳刺	務必多花心思整理區塊的分線，並凸顯外輪廓曲線間的凹陷處，這樣茶壺的形狀才會清楚。

1 將繡布繃緊、固定在繡框上。（參考第15～16頁）

2 將茶壺圖案紙墊在繡布下，用水消筆描繪、轉印圖案。（參考第19頁）

　　*須確實畫出色塊分線。
　　**可以將圖案紙貼在繡布背面，利用窗戶光線或是手機手電筒等光源來描繪圖案。

3 把兩股線穿進戳針後，調整露出的線長，針頭前留下約1cm；針頭長度固定在B檔位。（參考第17頁）

4 先繡圖案的線條，再開始填滿色塊。（參考第22～23頁）

　　*一開始先繡輪廓，之後再填滿整塊，可以避免戳刺到後來分線模糊而使得圖案變形。
　　**戳刺順序建議從面積小的開始，也就是從茶壺的細紋開始繡。

⑤ 取不同顏色的線依序完成所有色塊。

*在戳刺上色時，可以將區塊「從外往內」或「上下來回」戳刺。
（如果希望成品有平針繡的效果，那麼最好統一方向，整體才會看起來俐落。）

⑥ 圖案戳刺完成後，進入收尾的黏合作業。使用刮板或滾筒刷，將黏著劑薄薄地塗抹在成品背面，並且靜置約30～60秒。（參考第26頁）

*此作品是在繡布上繡了平針繡後，以背面的立體繡作為成品正面。

⑦ 接著黏上比成品尺寸略大的不織布。請用手掌仔細按壓不織布和成品，讓它們牢牢黏住。（參考第27頁）

⑧ 晾乾黏合的成品。（自然晾乾約1小時，或用電風扇、吹風機吹約15分鐘。）

⑨ 將繡框拆下，用裁布剪刀將繡布裁切成符合成品的形狀。（參考第27頁）

⑩ 利用縫針與刺繡線，以毛邊縫收尾。（參考第28~29頁）

⑪ 用裁布剪刀剪斷成品正面的圈絨，形成割絨，再用大肚貼布縫刺繡剪整理表面。（參考第30～31頁）

⑫ 像是握筆那樣立著彎剪刀或裁布剪刀，用刀尖仔細整理茶壺的紋路分線。

*用大肚貼布縫刺繡剪修剪邊緣的形狀，再像是用剪刀撫摸成品表面一樣好好處理邊角。

⑬ 最後把成品上的毛絮清理乾淨即完成。

6

神祕黑貓
暖暖地毯

充滿神祕感、任性又愛撒嬌的黑貓，

難以言喻的魅力，讓所有人身陷其中。

將黑貓做成小型毯，放在床或沙發的角落，

一邊休息一邊摸著溫暖舒適的手感，

整天的疲勞好像漸漸被吸收得不見蹤影，

甚至出現自己真的養了一隻貓的錯覺！

線條重點

黑貓迷你地毯的製作方法

平時也可以把各種物品，
擺放在黑貓的大肚子上。
或者是在貓身上安裝掛鉤，
掛在牆壁上當裝飾。
無論如何，都一定是最特別的亮點。

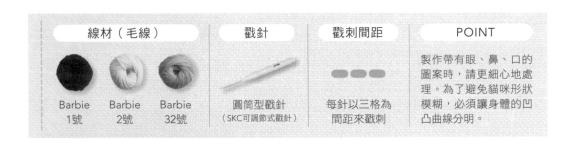

線材（毛線）			戳針	戳刺間距	POINT
Barbie 1號	Barbie 2號	Barbie 32號	圓筒型戳針（SKC可調節式戳針）	每針以三格為間距來戳刺	製作帶有眼、鼻、口的圖案時，請更細心地處理。為了避免貓咪形狀模糊，必須讓身體的凹凸曲線分明。

① 將繡布繃緊、固定在繡框上。（參考第15～16頁）

② 將黑貓圖案紙墊在繡布下，用水消筆描繪、轉印圖案。（參考第19頁）

③ 把兩股線穿進戳針後，調整露出的線長，針頭前留下約1cm；針頭長度固定在B檔位。（參考第17頁）

④ 先繡貓咪的五官。（眼睛使用Barbie羊毛線1號和32號，嘴巴使用Barbie羊毛線2號。）

*要從面積小的開始戳刺，形狀才會清楚。

⑤ 貓的五官都繡好後，再把貓的整個身體填滿。（身體使用Barbie羊毛線1號）

*在戳刺上色時，可以將區塊「從外往內」或「上下來回」戳刺。
（如果希望成品有平針繡的效果，那麼最好統一方向，整體才會看起來俐落。）

6 圖案戳刺完成後，進入收尾的黏合作業。使用刮板或滾筒刷，將黏著劑薄薄地塗抹在成品背面，並且靜置約30～60秒。（參考第26頁）

*此作品是在繡布上繡了平針繡後，以背面的立體繡作為成品正面。

7 接著黏上比成品尺寸略大的不織布。請用手掌仔細按壓不織布和成品，讓它們牢牢黏住。（參考第27頁）

8 晾乾黏合的成品。（自然晾乾約1小時，或用電風扇、吹風機吹約15分鐘。）

9 將繡框拆下，用裁布剪刀將繡布裁切成符合成品的形狀。（參考第27頁）

10 利用縫針與刺繡線，以毛邊縫收尾。（參考第28～29頁）

11 用裁布剪刀剪斷成品正面的圈絨，形成割絨，再用大肚貼布縫刺繡剪整理表面。（參考第30～31頁）

12 像是握筆那樣立著彎剪刀或裁布剪刀，用刀尖仔細整理貓的五官分線。

*外輪廓的凹凸曲線必須清楚分明，形狀才不會糊在一起。
**用大肚貼布縫刺繡剪修剪邊緣的形狀，再像是用剪刀撫摸成品表面一樣好好處理邊角。

13 最後把成品上的毛絮清理乾淨即完成。

橘貓與小魚的
迷你地毯

抱著可愛的橘貓，不僅溫暖，

心靈彷彿跟著得到了一些安慰。

我同時製作了貓咪最愛的魚兒做搭配，

可愛的模樣不禁想一起抱緊處理。

雖然是迷你地毯，但橘貓大大的身軀上，

能擺的物品比想像中多，很適合放在客廳。

線條重點

橘貓迷你地毯的製作方法

有著可愛花紋的橘貓迷你地毯，
光用看的就覺得可愛，
毛茸茸的觸感也傳達出一股暖意，
不論放在哪裡都十分合適。

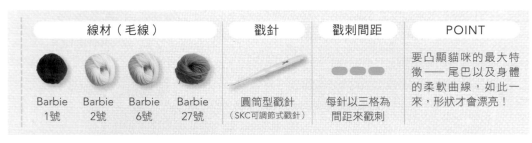

線材（毛線）				戳針	戳刺間距	POINT
Barbie 1號	Barbie 2號	Barbie 6號	Barbie 27號	圓筒型戳針（SKC可調節式戳針）	每針以三格為間距來戳刺	要凸顯貓咪的最大特徵——尾巴以及身體的柔軟曲線，如此一來，形狀才會漂亮！

① 將繡布繃緊、固定在繡框上。（參考第15～16頁）

② 將橘貓圖案紙墊在繡布下，用水消筆描繪、轉印圖案。（參考第19頁）

③ 把兩股線穿進戳針後，調整露出的線長，針頭前留下約1cm；針頭長度固定在B檔位。（參考第17頁）

④ 先繡圖案的線條。（參考第22～23頁）

*一開始先繡輪廓，之後再填滿整塊，可以避免戳刺到後來分線模糊而使得圖案變形。

⑤ 圖案線條繡好後，再開始填滿色塊。取不同顏色的線依序完成所有色塊。

*戳刺順序：貓的眼睛（Barbie羊毛線6號、1號）⇨ 鼻子和嘴巴（Barbie羊毛線1號）⇨ 貓的花紋（Barbie羊毛線27號）⇨ 其餘身體部分（Barbie羊毛線2號）。

6 圖案戳刺完成後，進入收尾的黏合作業。使用刮板或滾筒刷，將黏著劑薄薄地塗抹在成品背面，並且靜置約30〜60秒。（參考第26頁）

*此作品是在繡布上繡了平針繡後，以背面的立體繡作為成品正面。

7 接著黏上比成品尺寸略大的不織布。請用手掌仔細按壓不織布和成品，讓它們牢牢黏住。（參考第27頁）

8 晾乾黏合的成品。（自然晾乾約1小時，或用電風扇、吹風機吹約15分鐘。）

9 將繡框拆下，用裁布剪刀將繡布裁切成符合成品的形狀。（參考第27頁）

10 利用縫針與刺繡線，以毛邊縫收尾。（參考第28〜29頁）

11 用裁布剪刀剪斷成品正面的圈絨，形成割絨，再用大肚貼布縫刺繡剪整理表面。（參考第30〜31頁）

12 像是握筆那樣立著彎剪刀或裁布剪刀，用刀尖仔細整理貓的五官分線。

*外輪廓曲線間的凹陷部分須好好整理，形狀才不會模糊。
**用大肚貼布縫刺繡剪修剪邊緣的形狀，再像是用剪刀撫摸成品表面一樣好好處理邊角。

13 最後把成品上的毛絮清理乾淨即完成。

小魚迷你地毯的製作方法

像大海顏色的藍色魚兒，
和橘貓擺在一起，令人賞心悅目。

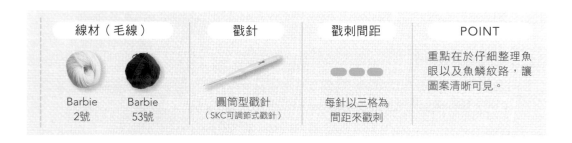

線材（毛線）	戳針	戳刺間距	POINT
 Barbie 2號　Barbie 53號	圓筒型戳針 （SKC可調節式戳針）	每針以三格為 間距來戳刺	重點在於仔細整理魚眼以及魚鱗紋路，讓圖案清晰可見。

1 將繡布繃緊、固定在繡框上。（參考第15～16頁）

2 將小魚圖案紙墊在繡布下，用水消筆描繪、轉印圖案。（參考第19頁）

3 把兩股線穿進戳針後，調整露出的線長，針頭前留下約1cm；針頭長度固定在B檔位。（參考第17頁）

4 先繡圖案的線條。（參考第22～23頁）

*一開始先繡輪廓，之後再填滿整塊，可以避免戳刺到後來分線模糊而使得圖案變形。

5 圖案線條繡好後，再開始填滿色塊。取不同顏色的線依序完成所有色塊。

*戳刺順序：魚的眼睛 ⇨ 魚鱗紋路 ⇨ 其餘部分。

6 圖案戳刺完成後，進入收尾的黏合作業。使用刮板或滾筒刷，將黏著劑薄薄地塗抹在成品背面，並且靜置約30～60秒。（參考第26頁）

*此作品是在繡布上繡了平針繡後，以背面的立體繡作為成品正面。

⑦ 接著黏上比成品尺寸略大的不織布。請用手掌仔細按壓不織布和成品，讓它們牢牢黏住。（參考第27頁）

⑧ 晾乾黏合的成品。（自然晾乾約1小時，或用電風扇、吹風機吹約15分鐘。）

⑨ 將繡框拆下，用裁布剪刀將繡布裁切成符合成品的形狀。（參考第27頁）

⑩ 利用縫針與刺繡線，以毛邊縫收尾。（參考第28～29頁）

⑪ 用裁布剪刀剪斷成品正面的圈絨，形成割絨，再用大肚貼布縫刺繡剪整理表面。（參考第30～31頁）

⑫ 像是握筆那樣立著彎剪刀或裁布剪刀，用刀尖仔細整理魚兒的眼睛和鱗紋。

*外輪廓曲線間的凹陷部分須好好整理，形狀才不會模糊。
**用大肚貼布縫刺繡剪修剪邊緣的形狀，再像是用剪刀撫摸成品表面一樣好好處理邊角。

⑬ 最後把成品上的毛絮清理乾淨即完成。

8

俏皮米格魯
迷你地毯

看起來就像一隻發現獵物的米格魯，

正在伺機悄悄往目標靠近。

如果把表情逗趣的小狗做成小毛毯，

和眼鏡、書籍或各樣文具一同擺在桌面，

東西會不會不知不覺被調皮的狗狗給叼走呢？

線條重點

米格魯迷你地毯的製作方法

這隻小狗帶有滑稽逗趣的面孔，
相當引人注目，且討人喜愛。
它身上的紋路顏色又呈現出沉穩感，
感覺就像一個值得依靠的朋友。

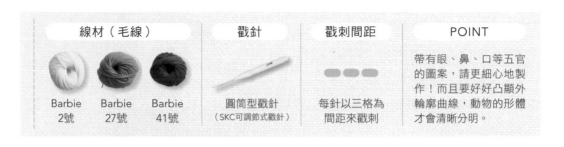

線材（毛線）			戳針	戳刺間距	POINT
Barbie 2號	Barbie 27號	Barbie 41號	圓筒型戳針（SKC可調節式戳針）	每針以三格為間距來戳刺	帶有眼、鼻、口等五官的圖案，請更細心地製作！而且要好好凸顯外輪廓曲線，動物的形體才會清晰分明。

1 將繡布繃緊、固定在繡框上。（參考第15～16頁）

2 將米格魯圖案紙墊在繡布下，用水消筆描繪、轉印圖案。（參考第19頁）

3 把兩股線穿進戳針後，調整露出的線長，針頭前留下約1cm；針頭長度固定在B檔位。（參考第17頁）

4 先繡圖案的線條。（參考第22～23頁）

*一開始先繡輪廓，之後再填滿整塊，可以避免戳刺到後來分線模糊而使得圖案變形。

5 圖案線條繡好後，再開始填滿色塊。取不同顏色的線依序完成所有色塊。

*戳刺順序：狗的眼睛（Barbie羊毛線41號、2號）與鼻子（Barbie羊毛線41號）⇨ 狗的花紋（Barbie羊毛線27號）和耳朵（Barbie羊毛線41號）⇨ 其餘身體部分（Barbie羊毛線2號）。

6 圖案戳刺完成後，進入收尾的黏合作業。使用刮板或滾筒刷，將黏著劑薄薄地塗抹在成品背面，並且靜置約30～60秒。（參考第26頁）

*此作品是在繡布上繡了平針繡後，以背面的立體繡作為成品正面。

7 接著黏上比成品尺寸略大的不織布。請用手掌仔細按壓不織布和成品，讓它們牢牢黏住。（參考第27頁）

8 晾乾黏合的成品。（自然晾乾約1小時，或用電風扇、吹風機吹約15分鐘。）

9 將繡框拆下，用裁布剪刀將繡布裁切成符合成品的形狀。（參考第27頁）

10 利用縫針與刺繡線，以毛邊縫收尾。（參考第28～29頁）

11 用裁布剪刀剪斷成品正面的圈絨，形成割絨，再用大肚貼布縫刺繡剪整理表面。（參考第30～31頁）

12 像是握筆那樣立著彎剪刀或裁布剪刀，用刀尖仔細整理狗的五官分線。

*在外輪廓曲線上，尾巴與軀幹間、四肢與軀幹間連接的凹陷部分須好好整理。
**用大肚貼布縫刺繡剪修剪邊緣的形狀，再像是用剪刀撫摸成品表面一樣好好處理邊角。

13 最後把成品上的毛絮清理乾淨即完成。

9

泰迪熊先生
迷你地毯

立在牆壁旁或擺在書桌上時，
如果不細看，感覺就像是一尊玩偶。
雖然名稱是地毯，
但不一定要當地毯使用，
無論放在哪裡，都能跟空間完美融合，
栩栩如生的小熊，偶爾看到還會嚇一跳！

Geheimrat Dr. Olden

線條重點

泰迪熊迷你地毯的製作方法

這是一個表情有點冷酷的泰迪熊。
立起來,可以當作裝飾品;
讓它躺著,則會化身守護書桌的小熊。

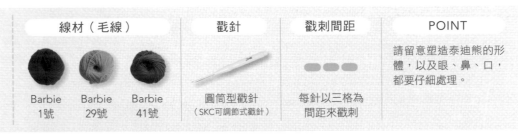

線材（毛線）			戳針	戳刺間距	POINT
Barbie 1號	Barbie 29號	Barbie 41號	圓筒型戳針 （SKC可調節式戳針）	每針以三格為 間距來戳刺	請留意塑造泰迪熊的形體,以及眼、鼻、口,都要仔細處理。

① 將繡布繃緊、固定在繡框上。（參考第15～16頁）

② 將泰迪熊圖案紙墊在繡布下,用水消筆描繪、轉印圖案。（參考第19頁）

③ 把兩股線穿進戳針後,調整露出的線長,針頭前留下約1cm;針頭長度固定在B檔位。（參考第17頁）

④ 先繡泰迪熊的身體線條。（參考第22～23頁）

⑤ 身體線條繡好後,接著繡泰迪熊的眼睛、鼻子、嘴巴（Barbie羊毛線1號）,再繡手臂線條（Barbie羊毛線41號）。

*手臂線條約戳刺兩排的厚度即可。

⑥ 換最後一種顏色的線將剩餘區塊填滿。

7 圖案戳刺完成後，進入收尾的黏合作業。使用刮板或滾筒刷，將黏著劑薄薄地塗抹在成品背面，並且靜置約30～60秒。（參考第26頁）

*此作品是在繡布上繡了平針繡後，以背面的立體繡作為成品正面。

8 接著黏上比成品尺寸略大的不織布。請用手掌仔細按壓不織布和成品，讓它們牢牢黏住。（參考第27頁）

9 晾乾黏合的成品。（自然晾乾約1小時，或用電風扇、吹風機吹約15分鐘。）

10 將繡框拆下，用裁布剪刀將繡布裁切成符合成品的形狀。（參考第27頁）

11 利用縫針與刺繡線，以毛邊縫收尾。（參考第28～29頁）

12 用裁布剪刀剪斷成品正面的圈絨，形成割絨，再用大肚貼布縫刺繡剪整理表面。（參考第30～31頁）

13 像是握筆那樣立著彎剪刀或裁布剪刀，用刀尖仔細整理泰迪熊的眼睛、鼻子、嘴巴的分線。

*外輪廓曲線之間的凹陷部分須好好整理。
**用大肚貼布縫刺繡剪修剪邊緣的形狀，再像是用剪刀撫摸表面一樣好好處理摺角。

14 最後把成品上的毛絮清理乾淨即完成。

10
跑跑跳跳的
小狗迷你地毯

是誰呼叫了這隻精力充沛的小狗？
我把這隻全力奔跑的小狗放在床頭櫃上，
每次一進臥室，它似乎就搖著尾巴在迎接我。
把鬧鐘、眼鏡、眼罩放在上頭，
睡眼惺忪的早晨彷彿也感染了小狗的活力，
今天又是個美好的日子。

線條重點

小狗迷你地毯的製作方法

這是一隻淺色調的漂亮小狗，
透過奔跑的姿態，呈現出動態感，
能讓人感受到活躍與熱情的心。

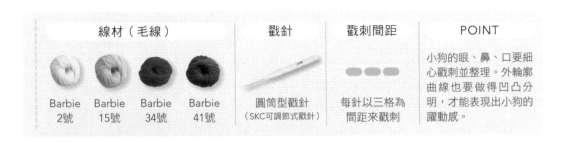

線材（毛線）				戳針	戳刺間距	POINT
Barbie 2號	Barbie 15號	Barbie 34號	Barbie 41號	圓筒型戳針（SKC可調節式戳針）	每針以三格為間距來戳刺	小狗的眼、鼻、口要細心戳刺並整理。外輪廓曲線也要做得凹凸分明，才能表現出小狗的躍動感。

1　將繡布繃緊、固定在繡框上。（參考第15～16頁）

2　將小狗圖案紙墊在繡布下，用水消筆描繪、轉印圖案。（參考第19頁）

3　把兩股線穿進戳針後，調整露出的線長，針頭前留下約1cm；針頭長度固定在B檔位。（參考第17頁）

4　先繡小狗的眼睛、鼻子、嘴巴（眼睛和鼻子使用Barbie羊毛線41號，嘴巴使用Barbie羊毛線2號）。

5　接下來繡圖案的其餘線條，並把整塊填滿。

*戳刺順序：小狗的項圈（Barbie羊毛線34號）⇨ 其餘身體部分（Barbie羊毛線15號）。

6　圖案戳刺完成後，進入收尾的黏合作業。使用刮板或滾筒刷，將黏著劑薄薄地塗抹在成品背面，並且靜置約30～60秒。（參考第26頁）

*此作品是在繡布上繡了平針繡後，以背面的立體繡作為成品正面。

7 接著黏上比成品尺寸略大的不織布。請用手掌仔細按壓不織布和成品，讓它們牢牢黏住。（參考第27頁）

8 晾乾黏合的成品。（自然晾乾約1小時，或用電風扇、吹風機吹約15分鐘。）

9 將繡框拆下，用裁布剪刀將繡布裁切成符合成品的形狀。（參考第27頁）

10 利用縫針與刺繡線，以毛邊縫收尾。（參考第28～29頁）

11 用裁布剪刀剪斷成品正面的圈絨，形成割絨，再用大肚貼布縫刺繡剪整理表面。（參考第30～31頁）

12 像是握筆那樣立著彎剪刀或裁布剪刀，用刀尖仔細整理狗狗的眼睛、鼻子、嘴巴的分線。

　*在外輪廓曲線上，耳朵與頭部間、四肢與軀幹間連接的凹陷部分須好好整理。
　**用大肚貼布縫刺繡剪修剪邊緣的形狀，再像是用剪刀撫摸表面一樣好好處理邊角。

13 最後把成品上的毛絮清理乾淨即完成。

11

不規則抽象色塊
迷你地毯

將基本的圖案任意變形，再加入色彩，

這樣一來，即便是簡單的線條，

也能做出帶有抽象感、專屬於你的模樣！

將這世界上獨一無二的形狀與色彩組合，

做成可大可小的地毯，不論是自用或送禮，

都能展現出強烈的自我風格。

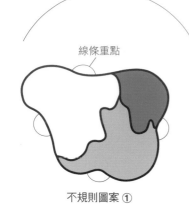

線條重點

不規則圖案①

抽象色塊迷你地毯
的製作方法

這是用不規則圖案
設計而成的迷你地毯。
不論是圖形或顏色，
都可以加入自己
喜歡的元素來創作喔！

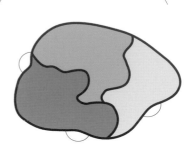

不規則圖案②

不規則圖案①線材			不規則圖案②線材			戳針	戳刺間距	POINT
Barbie 6號	Barbie 8號	Barbie 27號	Barbie 4號	Barbie 20號	Hera 46號	圓筒型戳針 （SKC可調節式戳針）	每針以三格為 間距來戳刺	可依隨手畫 出來的形狀 製作，並自 由配色。

1 將繡布繃緊、固定在繡框上。（參考第15～16頁）

2 將不規則抽象色塊圖案紙墊在繡布下，用水消筆描繪、轉印圖案。（參考第19頁）

3 把兩股線穿進戳針後，調整露出的線長，針頭前留下約1cm；針頭長度固定在B
檔位。（參考第17頁）

4 先繡圖案的線條，再依線條顏色把各色塊填滿。（參考第22～23頁）

5 圖案戳刺完成後，進入收尾的黏合作業。使用刮板或滾筒刷，將黏著劑薄薄地塗
抹在成品背面，並且靜置約30～60秒。（參考第26頁）

*此作品是在繡布上繡了平針繡後，以背面的立體繡作為成品正面。

6 接著黏上比成品尺寸略大的不織布。請用手掌仔細按壓不織布和成品，讓它們牢
牢黏住。（參考第27頁）

7 晾乾黏合的成品。（自然晾乾約1小時，或用電風扇、吹風機吹約15分鐘。）

8 將繡框拆下，用裁布剪刀將繡布裁切成符合成品的形狀。（參考第27頁）

9 利用縫針與刺繡線，以毛邊縫收尾。（參考第28～29頁）

10 用裁布剪刀剪斷成品正面的圈絨，形成割絨，再用大肚貼布縫刺繡剪整理表面。
（參考第30～31頁）

11 仔細整理成品外輪廓曲線間的凹陷部分。

*用大肚貼布縫刺繡剪修剪邊緣的形狀，再像是用剪刀撫摸表面一樣好好處理邊角。

12 最後把成品上的毛絮清理乾淨即完成。

12

軟綿綿
繽紛雲朵鏡框

這是承裝著天上雲朵的鏡子框架，
毛茸茸的感覺真的跟雲朵很搭。
照著這麼特別的鏡子來開啟一天，
想必會是個令人悸動的日子。
今天，我彷彿置身在軟綿綿的雲朵裡。

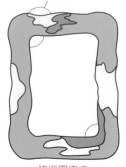

鏡框圖案①

雲朵鏡框的製作方法

除了書上示範的顏色之外，
也可以試著重新配色，
做出自己喜歡的獨特風格喔！

鏡框圖案②

鏡框圖案①線材			鏡框圖案②線材			戳針	戳刺間距	POINT
								製作時， 歡迎自由 配色喔！
Barbie 6號	Barbie 25號	Barbie 17號	Barbie 4號	Barbie 8號	Barbie 45號	圓筒型戳針 （SKC可調節式戳針）	每針以三格為 間距來戳刺	

---

1 將繡布繃緊、固定在繡框上。（參考第15～16頁）

2 把鏡子墊在繡布下，標示鏡子的大小，並用水消筆畫出框架的圖案。

*標示好鏡子的大小後，以往內1.5cm、往外2.5cm左右作為框架範圍來繪製。
**鏡子大小會決定框架的圖案大小，所以建議先標示鏡子的大小後再開始畫圖案。

3 把兩股線穿進戳針後，調整露出的線長，針頭前留下約1cm；針頭長度固定在B
檔位。（參考第17頁）

4 先繡框架圖案的外圍輪廓，再繡用來分割各色塊的線條。

5 當線條都繡好時，接下來開始填滿各色塊。

*建議先挑面積小的區塊開始繡。

6 圖案戳刺完成後，進入收尾的黏合作業。使用刮板或滾筒刷，將黏著劑薄薄地塗
抹在成品背面，然後晾乾。（自然晾乾約1小時，或用吹風機吹15分鐘。）

*框架內側保留約2cm寬不塗抹黏著劑，之後這裡會黏縫份。請控制好黏著劑的量，別讓黏著
  劑沾到正面。
**此作品是在繡布上繡了平針繡後，以背面的立體繡作為成品正面。

晾乾以後，拆下繡框，用裁布剪刀將繡布裁切成符合成品的形狀。

內側的布預留1cm的縫份後，把多餘的布料裁掉。

接著在縫份上進行裁切。為了讓縫份可以向內折，請每隔2cm剪一刀。

塗抹黏著劑在縫份以及框架內側上（約2cm的範圍）。此時需注意塗抹量，以免黏著劑滲到正面。

將縫份向內折，並用力按壓，讓縫份和框架牢牢黏合。

用裁布剪刀剪斷成品正面的圈絨，形成割絨。

再用大肚貼布縫刺繡剪整理表面。

*請花點心思整理外輪廓曲線間的凹陷部分。

翻到背面，在縫份上貼紙膠帶。

*待會要用定型膠把鏡子和框架黏起來，而縫份不能沾到膠，所以需先進行此步驟。

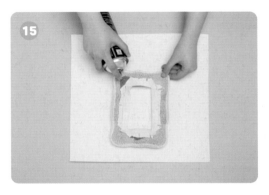

確定鏡子要黏的位置後，將定型膠重點噴在接合處，然後稍等一會，等膠的氣泡消退、呈不透明狀（約30秒）。

*使用織物專用的定型膠，固定效果會比較好。噴膠時，務必在作品下方墊一張紙後再進行。

當定型膠呈不透明狀時，撕下框架內側的紙膠帶。

將鏡子黏在噴好膠的成品上。

黏好鏡子後,再於鏡子背面與成品邊緣噴上定型膠。

*噴完定型膠後稍等一會,等膠的氣泡消退、呈不透明狀(約30秒)。

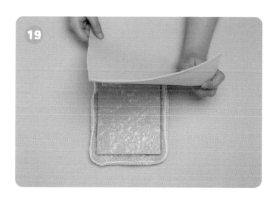

接著放上不織布,用手掌仔細按壓、黏合,然後晾乾。

*也翻到另一面仔細按壓鏡子和框架接合處。等待晾乾時,可在鏡子背面放置書本或重物,這樣會黏得更牢。

依鏡子框架的大小裁切不織布。

㉑ 利用縫針與刺繡線,以毛邊縫收尾。(參考第28～29頁)

㉒ 可於成品背面縫一個線圈,或安裝三角掛鉤等其他配件,便能掛在牆壁上。

㉓ 最後把成品上的毛絮清理乾淨即完成。

13

藝術家靜物畫
抱枕套

我在抱枕上設計了檸檬和花瓶圖案，
看起來就好像一幅藝廊內的靜物畫。
雖然是個貨真價實的抱枕，
擺放在沙發或床鋪的某個角落時，
給人的感覺卻像是在欣賞畫作，
兼具觀賞與實用性的功能。

Barbie羊毛線2號 線條重點

靜物畫抱枕套的製作方法

除了檸檬和花瓶，
也可以把平常喜歡的物品
畫成圖案後製作，
那將會成為獨一無二的抱枕！

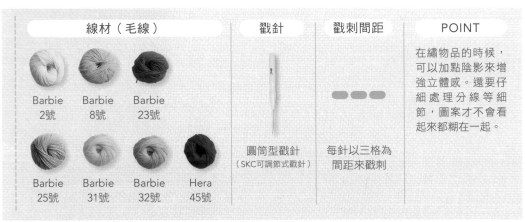

線材（毛線）			戳針	戳刺間距	POINT
Barbie 2號	Barbie 8號	Barbie 23號			在繡物品的時候，可以加點陰影來增強立體感。還要仔細處理分線等細節，圖案才不會看起來都糊在一起。
Barbie 25號	Barbie 31號	Barbie 32號 Hera 45號	圓筒型戳針（SKC可調節式戳針）	每針以三格為間距來戳刺	

① 將繡布繃緊、固定在繡框上。（參考第15～16頁）

② 用水消筆在繡布上畫一個39×39cm的正方形。

*進行戳繡的那一面就是之後抱枕套的正面。
**本書的抱枕使用了35×35cm大小的抱枕芯；考慮到抱枕芯的體積和上下左右的縫份，所以
抱枕套需要製作稍大一點的尺寸，建議要比抱枕芯大3～4cm。

③ 在正方形內，考量到四邊的縫份，再畫一個36×36cm的正方形。

*這塊正方形的四個邊就是預定縫線。

④ 用水消筆描繪、轉印圖案在步驟③的正方形內。（參考第19頁）

*可以將圖案紙貼在繡布背面，利用窗戶光線或是手機手電筒等光源來描繪圖案。

⑤ 把兩股線穿進戳針後，調整露出的線長，針頭前留下約1cm；針頭長度固定在B檔位。（參考第17頁）

⑥ 先繡圖案的線條。（參考第22～23頁）

*檸檬－Barbie羊毛線31、32號，花瓶1－Barbie羊毛線23號，花瓶2－Barbie羊毛線25號，裝檸檬的碗－Barbie羊毛線8號，兩花瓶之間線條以及檸檬與碗之間線條－Barbie羊毛線2號，最下方的桌面－Hera羊毛線45號

⑦ 圖案線條繡好後，再開始填滿色塊。取不同顏色的線依序完成所有色塊。

⑧ 圖案戳刺完成後，在成品背面塗抹黏著劑，進行黏合作業。（參考第26頁）

⑨ 晾乾黏合的成品。（自然晾乾約1小時，或用電風扇、吹風機吹約15分鐘。）

⑩ 將繡框拆下，並依照圖案用裁布剪刀進行裁切。（參考第27頁）

*如果使用的繡布本身的線容易鬆開，最好用紙膠帶把外圍正方形的縫份都貼起來。

⑪ 用裁布剪刀剪斷成品正面的圈絨，形成割絨。（參考第30～31頁）

⑫ 接著用大肚貼布縫刺繡剪整理表面。

*請著重在凸顯花瓶的輪廓與把手部位的細節，各個檸檬之間的交接處也應用心修整。
**像是握筆那樣立著剪刀，用刀尖整理圖案下方的桌面與花瓶、檸檬碗之間的分線。
***把大肚貼布縫刺繡剪像在撫摸成品表面一樣移動、修剪，並仔細整理每個邊角。

⑬ 用縫紉機或手縫，沿著步驟③描繪出的預定縫線進行縫製，製作成抱枕套。

*若覺得自行縫紉有困難，可以委託修改衣服的店家處理。

⑭ 最後把成品上的毛絮清理乾淨，並塞入抱枕芯即完成。

14

自由抽象風
抱枕套

我在製作這個抱枕套時，沒有太多思考，
而是任由無邊無際的想像力自由創作，
結果做出了這款個性鮮明的圖案。
我很喜歡這樣的創作方式，
拿來裝飾自己的房間獨具個人風格，
是個充滿想像空間的帥氣小物。

線條
重點

抽象風抱枕套的製作方法

就像真的畫了一幅抽象畫！
這是一個不受框架限制、
讓想像力自由發揮的超酷抱枕。

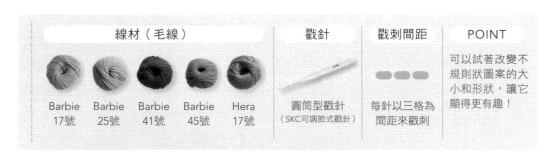

線材（毛線）					戳針	戳刺間距	POINT
Barbie 17號	Barbie 25號	Barbie 41號	Barbie 45號	Hera 17號	圓筒型戳針（SKC可調節式戳針）	每針以三格為間距來戳刺	可以試著改變不規則狀圖案的大小和形狀，讓它顯得更有趣！

❶ 將繡布繃緊、固定在繡框上。（參考第15～16頁）

❷ 用水消筆在繡布上畫一個39×39cm的正方形。

　*進行戳繡的那一面就是之後抱枕套的正面。
　**本書的抱枕使用了35×35cm大小的抱枕芯；考慮到抱枕芯的體積和上下左右的縫份，所以
　　抱枕套需要製作稍大一點的尺寸，建議要比抱枕芯大3～4cm。

❸ 在正方形內，考量到四邊的縫份，再畫一個36×36cm的正方形。

　*這塊正方形的四個邊就是預定縫線。

❹ 用水消筆描繪、轉印圖案在步驟❸的正方形內。（參考第19頁）

　*可以將圖案紙貼在繡布背面，利用窗戶光線或是手機手電筒等光源來描繪圖案。

❺ 把兩股線穿進戳針後，調整露出的線長，針頭前留下約1cm；針頭長度固定在B
　檔位。（參考第17頁）

6 先繡圖案的線條，再開始填滿色塊。（參考第22～23頁）

*這裡並沒有把整片繡滿，所以戳刺結束後，只有戳刺的地方會凸起來。因此，建議戳刺間距可以比其他作品的再大一點。

7 圖案戳刺完成後，在成品背面塗抹黏著劑，進行黏合作業。（參考第26頁）

8 晾乾黏合的成品。（自然晾乾約1小時，或用電風扇、吹風機吹約15分鐘。）

9 將繡框拆下，並依照圖案用裁布剪刀進行裁切。（參考第27頁）

*如果使用的繡布本身的線容易鬆開，最好用紙膠帶把外圍正方形的縫份都貼起來。

10 用裁布剪刀剪斷成品正面的圈絨，形成割絨。（參考第30～31頁）

11 接著用大肚貼布縫刺繡剪整理表面。

*請多花點心思整理圖案輪廓曲線間的凹陷部分。
**把大肚貼布縫刺繡剪像是在撫摸成品表面一樣移動、修剪，並仔細整理每個邊角。

12 用縫紉機或手縫，沿著步驟③描繪出的預定縫線進行縫製，製作成抱枕套。

*若覺得自行縫紉有困難，可以委託修改衣服的店家處理。

13 最後把成品上的毛絮清理乾淨，並塞入抱枕芯即完成。

15

個性線條感
抱枕套

這是單純以線條來打造的特殊圖案，

用這樣的方式繡物品或人物也很好看。

以簇絨的技巧製作戳繡作品時，

會密集地將線材戳入布料中，

在表面做出蓬蓬的立體效果，

因此就算僅是線條，視覺上也很豐富。

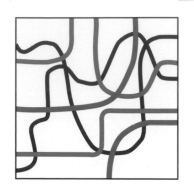

線條感抱枕套的製作方法

這裡使用的創作元素是抽象線條，
當然也可以用具象圖案，
這樣會得到完全不同感覺的作品。

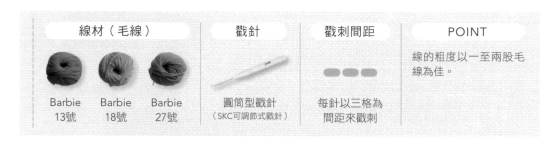

線材（毛線）	戳針	戳刺間距	POINT
Barbie 13號　Barbie 18號　Barbie 27號	圓筒型戳針（SKC可調節式戳針）	每針以三格為間距來戳刺	線的粗度以一至兩股毛線為佳。

① 將繡布繃緊、固定在繡框上。（參考第15～16頁）

② 用水消筆在繡布上畫一個39×39cm的正方形。

　　*進行戳繡的那一面就是之後抱枕套的正面。

　　**本書的抱枕使用了35×35cm大小的抱枕芯；考慮到抱枕芯的體積和上下左右的縫份，所以
　　　抱枕套需要製作稍大一點的尺寸，建議要比抱枕芯大3～4cm。

③ 在正方形內，考量到四邊的縫份，再畫一個36×36cm的正方形。

　　*這塊正方形的四個邊就是預定縫線。

④ 用水消筆描繪、轉印圖案在步驟③的正方形內。（參考第19頁）

　　*可以將圖案紙貼在繡布背面，利用窗戶光線或是手機手電筒等光源來描繪圖案。

5 把兩股線穿進戳針後，調整露出的線長，針頭前留下約1cm；針頭長度固定在B檔位。（參考第17頁）

6 使用不同顏色的線依序繡出線條圖案。

7 圖案戳刺完成後，在成品背面塗抹黏著劑，進行黏合作業。（參考第26頁）

*為薄線上膠時，建議把黏著劑沾在刮板的末端來塗，比較能控制用量。

8 晾乾黏合的成品。（自然晾乾約1小時，或用電風扇、吹風機吹約15分鐘。）

9 將繡框拆下，並依照圖案用裁布剪刀進行裁切。（參考第27頁）

*如果使用的繡布本身的線容易鬆開，最好用紙膠帶把外圍正方形的縫份都貼起來。

10 用裁布剪刀剪斷成品正面的圈絨，形成割絨。（參考第30～31頁）

11 接著用大肚貼布縫刺繡剪整理表面。

*把大肚貼布縫刺繡剪像是在撫摸成品表面一樣移動、修剪，並仔細整理每個邊角。

12 用縫紉機或手縫，沿著步驟③描繪出的預定縫線進行縫製，製作成抱枕套。

*若覺得自行縫紉有困難，可以委託修改衣服的店家處理。

13 最後把成品上的毛絮清理乾淨，並塞入抱枕芯即完成。

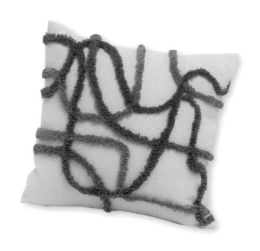

16

延伸應用①
撞色糖果鑰匙圈

小巧的戳繡作品不僅容易製作，
還可以延伸應用成各樣生活小物。
我把我最喜歡的雷根糖及愛心，
做成可愛的小戳繡鑰匙圈。
它們不管到哪裡都很顯眼，
應該不會再輕易地弄丟了！

線條重點

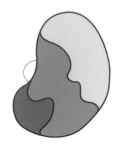

撞色糖果鑰匙圈的製作方法

這是由多種顏色組合而成的
雷根糖及心形鑰匙圈。
試著用不同的顏色來製作
也充滿樂趣喔！

線材	戳針	戳刺間距	POINT
自由組合不同顏色的毛線	圓筒型戳針（SKC可調節式戳針）	每針以三格為間距來戳刺	若是先前不太敢使用大膽的色彩組合，那麼先嘗試製作小面積的鑰匙圈吧！只要將表面弄得鼓鼓的，就會很可愛、很漂亮。

1 將繡布繃緊、固定在繡框上。（參考第15～16頁）

2 將圖案紙墊在繡布下，用水消筆描繪、轉印圖案。（參考第19頁）

3 把兩股線穿進戳針後，調整露出的線長，針頭前留下約1cm；針頭長度固定在B檔位。（參考第17頁）

4 先繡圖案的線條。（參考第22～23頁）

5 圖案線條繡好後，再開始填滿色塊。

*若在戳刺過程中，遇到需更換成其他線的情況，請儘量貼著繡布剪除原本的線後再更換。

6 圖案戳刺完成後，進入收尾的黏合作業。使用刮板或滾筒刷，將黏著劑薄薄地塗抹在成品背面，並且靜置約30～60秒。（參考第26頁）

*此作品是在繡布上繡了平針繡後，以背面的立體繡作為成品正面。

7 接著黏上比成品尺寸略大的不織布。請用手掌仔細按壓不織布和成品，讓它們牢牢黏住。（參考第27頁）

8 晾乾黏合的成品。（自然晾乾約1小時，或用電風扇、吹風機吹約15分鐘。）

9 將繡框拆下，用裁布剪刀將繡布裁切成符合成品的形狀。（參考第27頁）

10 利用縫針與刺繡線，以毛邊縫收尾。（參考第28～29頁）

11 用裁布剪刀剪斷成品正面的圈絨，形成割絨，再用大肚貼布縫刺繡剪整理表面。（參考第30～31頁）

*用大肚貼布縫刺繡剪仔細修剪邊緣的形狀。
**小作品的表面弄得鼓鼓的會更有立體的效果。

12 最後把成品上的毛絮清理乾淨。把成品黏牢在鑰匙圈上即完成。

17

延伸應用②
擬真鵝卵石磁鐵

我以大地色系的顏色組合，

運用鵝卵石的模樣做成戳繡，

保持立體的形狀後加工成磁鐵，

貼在家裡的冰箱或辦公室。

乍看之下還以為是真的石頭，

觸感卻毛茸茸又舒服，讓人愛不釋手！

線條重點

擬真鵝卵石磁鐵的製作方法

以黑、灰、白為主，
做出不同大小的圓潤石頭。
這是讓原本樸素的冰箱，
變得很有個性的法寶。

線材	戳針	戳刺間距	POINT
自由組合不同顏色的毛線	圓筒型戳針（SKC可調節式戳針）	■■■ 每針以三格為間距來戳刺	塑形時，把形狀弄得稍微凸一點，就會顯得更可愛。除了戳繡材料之外，只要再準備磁鐵就可以簡單完成囉！

1 將繡布繃緊、固定在繡框上。（參考第15～16頁）

2 將圖案紙墊在繡布下，用水消筆描繪、轉印圖案。（參考第19頁）

3 把兩股線穿進戳針後，調整露出的線長，針頭前留下約1cm；針頭長度固定在B檔位。（參考第17頁）

4 先繡圖案的線條。（參考第22～23頁）

5 圖案線條繡好後，再開始填滿色塊。

*若在戳刺過程中，遇到需更換成其他線的情況，請儘量貼著繡布剪除原本的線後再更換。

6 圖案戳刺完成後，進入收尾的黏合作業。使用刮板或滾筒刷，將黏著劑薄薄地塗抹在成品背面，並且靜置約30～60秒。（參考第26頁）

*此作品是在繡布上繡了平針繡後，以背面的立體繡作為成品正面。

7 將繡框拆下，用裁布剪刀將繡布裁切成符合磁鐵的形狀（參考第27頁）。

8 用裁布剪刀剪斷成品正面的圈絨，形成割絨，再用大肚貼布縫刺繡剪整理表面。
（參考第30～31頁）

9 最後把成品上的毛絮清理乾淨。

10 在成品背面塗抹黏著劑後，黏上磁鐵即完成。

*製作成磁鐵時，不需要進行黏不織布和縫毛邊縫的收尾，只要用定型膠、太棒膠、熱熔膠或
三秒膠等黏著劑來黏牢磁鐵即可。

**如果不想露出磁鐵，可以在戳繡成品背面黏上磁鐵後，再黏上不織布。把磁鐵藏在內層，就
能形成俐落的鵝卵石磁鐵。

18

延伸應用③
立體手機指環扣

第三種應用方式是貼在手機殼上的指環扣。

小小的面積不需要花太多時間就能完成，

而且純手工製作的獨特質感與圖案，

絕非一般市售品可比擬。

想要在生活的細節中添加個人風格，

就用它來裝飾自己的手機吧！

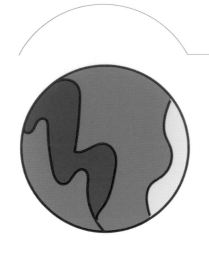

立體手機指環扣的製作方法

雖然是一個簡單又微小的物件，
卻能成為日常中的一大亮點。

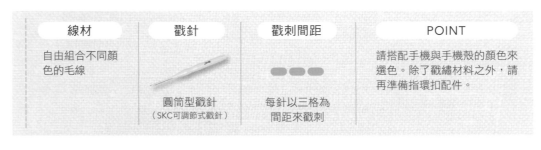

線材	戳針	戳刺間距	POINT
自由組合不同顏色的毛線	圓筒型戳針（SKC可調節式戳針）	每針以三格為間距來戳刺	請搭配手機與手機殼的顏色來選色。除了戳繡材料之外，請再準備指環扣配件。

1　將繡布繃緊、固定在繡框上。（參考第15～16頁）

2　將圖案紙墊在繡布下，用水消筆描繪、轉印圖案。（參考第19頁）

3　把兩股線穿進戳針後，調整露出的線長，針頭前留下約1cm；針頭長度固定在B檔位。（參考第17頁）

4　先繡圖案的線條。（參考第22～23頁）

5　圖案線條繡好後，再開始填滿色塊。

*若在戳刺過程中，遇到需更換成其他線的情況，請儘量貼著繡布剪除原本的線後再更換。

6　圖案戳刺完成後，進入收尾的黏合作業。使用刮板或滾筒刷，將黏著劑薄薄地塗抹在成品背面，並且靜置約30～60秒。（參考第26頁）

*此作品是在繡布上繡了平針繡後，以背面的立體繡作為成品正面。

⑦ 將繡框拆下，用裁布剪刀將繡布裁切成符合指環扣配件的形狀。

⑧ 用裁布剪刀剪斷成品正面的圈絨，形成割絨，再用大肚貼布縫刺繡剪整理表面。
（參考第30～31頁）

⑨ 最後把成品上的毛絮清理乾淨。

⑩ 在成品背面塗抹黏著劑後，黏上指環扣配件即完成。

*製作成指環扣時，不需要進行黏不織布和縫毛邊縫的收尾，只要用定型膠、太棒膠、熱熔膠
或三秒膠等黏著劑來黏牢指環扣配件即可。

19

延伸應用④
聖誕拐杖裝飾

冷颼颼的冬季不想出門，
就來製作充滿節慶感的聖誕裝飾吧！
一提到聖誕節，就不能少了拐杖糖，
當然還有聖誕花環、聖誕樹。
大膽混合各種飽和又亮麗的色彩，
完成後可以掛在聖誕樹上當裝飾，
也可以串在一起當拉旗掛牆上，可愛無比！

聖誕拐杖裝飾的製作方法

充分應用前面介紹過的
迷你地毯和擺飾們吧！
製作一個聖誕樹圖案的迷你地毯，
然後擺上所有裝飾品，
鐵定更有聖誕節的氛圍。

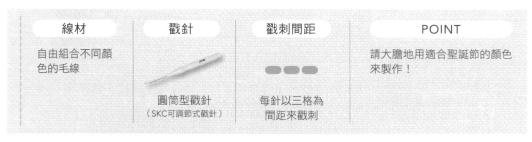

線材	戳針	戳刺間距	POINT
自由組合不同顏色的毛線	圓筒型戳針 （SKC可調節式戳針）	每針以三格為間距來戳刺	請大膽地用適合聖誕節的顏色來製作！

1 將繡布繃緊、固定在繡框上。（參考第15～16頁）

2 將圖案紙墊在繡布下，用水消筆描繪、轉印圖案。（參考第19頁）

3 把兩股線穿進戳針後，調整露出的線長，針頭前留下約1cm；針頭長度固定在B檔位。（參考第17頁）

4 先繡圖案的線條。（參考第22～23頁）

5 圖案線條繡好後，再開始填滿色塊。

　*若在戳刺過程中，遇到需更換成其他線的情況，請儘量貼著繡布剪除原本的線後再更換。

6 圖案戳刺完成後，進入收尾的黏合作業。使用刮板或滾筒刷，將黏著劑薄薄地塗抹在成品背面，並且靜置約30～60秒。（參考第26頁）

　*此作品是在繡布上繡了平針繡後，以背面的立體繡作為成品正面。

⑦ 接著黏上比成品尺寸略大的不織布。請用手掌仔細按壓不織布和成品，讓它們牢牢黏住。（參考第27頁）

⑧ 晾乾黏合的成品。（自然晾乾約1小時，或用電風扇、吹風機吹約15分鐘。）

⑨ 將繡框拆下，用裁布剪刀將繡布裁切成符合成品的形狀。（參考第27頁）

⑩ 利用縫針與刺繡線，以毛邊縫收尾。（參考第28～29頁）

*建議用刺繡線做一個能把飾品掛起來的吊環。

⑪ 用裁布剪刀剪斷成品正面的圈絨，形成割絨，再用大肚貼布縫刺繡剪整理表面。（參考第30～31頁）

*用大肚貼布縫刺繡剪仔細修剪邊緣的形狀。

⑫ 最後把成品上的毛絮清理乾淨即完成。

台灣廣廈 國際出版集團
Taiwan Mansion International Group

國家圖書館出版品預行編目（CIP）資料

毛茸茸的戳戳繡入門：紓壓療癒！從杯墊、迷你地毯到抱枕，只要3
種針法就能做出28款生活小物（內附圖案紙型） ／權禮智著；林大懇
譯. -- 初版. -- 新北市：蘋果屋出版社有限公司, 2024.02
　　面；　公分.
　ISBN 978-626-7424-01-8(平裝)
　1.CST: 刺繡　2.CST: 手工藝

426.2　　　　　　　　　　　　　　　　　112022024

毛茸茸的戳戳繡入門

紓壓療癒！從杯墊、迷你地毯到抱枕，只要3種針法就能做出28款生活小物（內附圖案紙型）

作　　者／權禮智　　　　　編輯中心編輯長／張秀環・編輯／許秀妃
翻　　譯／林大懇　　　　　封面設計／曾詩涵・內頁排版／菩薩蠻數位文化有限公司
　　　　　　　　　　　　　製版・印刷・裝訂／東豪・弼聖・秉成

行企研發中心總監／陳冠蒨　　線上學習中心總監／陳冠蒨
媒體公關組／陳柔彣　　　　　數位營運組／顏佑婷
綜合業務組／何欣穎　　　　　企製開發組／江季珊、張哲剛

發　行　人／江媛珍
法律顧問／第一國際法律事務所 余淑杏律師・北辰著作權事務所 蕭雄淋律師
出　　版／蘋果屋
發　　行／蘋果屋出版社有限公司
　　　　　地址：新北市235中和區中山路二段359巷7號2樓
　　　　　電話：（886）2-2225-5777・傳真：（886）2-2225-8052

代理印務・全球總經銷／知遠文化事業有限公司
　　　　　地址：新北市222深坑區北深路三段155巷25號5樓
　　　　　電話：（886）2-2664-8800・傳真：（886）2-2664-8801
郵政劃撥／劃撥帳號：18836722
　　　　　劃撥戶名：知遠文化事業有限公司（※單次購書金額未達1000元，請另付70元郵資。）

■出版日期：2024年02月　　　ISBN：978-626-7424-01-8